"十三五"应用型人才培养规划教材

Visual C#.NET 程序设计（第2版）

◎ 崔永红 编著

清华大学出版社
北 京

内 容 简 介

本书以"教师信息管理系统"项目开发过程为主线,项目导向,任务驱动,以 Visual Studio 2015 为开发平台,以 C♯ 为编程语言,以 Access 为数据库,将 Visual C♯.NET 程序设计的知识点与真实项目开发有机结合,贯穿于项目开发的整个过程。

本书主要内容包括 9 个项目:创建教师信息管理系统应用程序,C♯语言程序设计,教师信息管理系统数据库设计,教师信息管理系统起始界面设计与实现,教师信息管理系统操作界面设计与实现,教师信息管理系统功能模块界面设计,教师信息管理系统数据库编程,教师信息管理系统功能模块实现,教师信息管理系统的部署与安装。本书配有"教师信息管理系统"安装软件、程序源代码、课件、实验报告模板、习题解答。

本书的特色是入门开始,项目导向,"做中学,学中做",可作为高等职业院校、大专院校及成人教育学院程序设计课程的教材,也可作为计算机程序开发人员的自学指导书和技术参考书。

本书封面贴有清华大学出版社防伪标签,无标签者不得销售。
版权所有,侵权必究。举报: 010-62782989, beiqinquan@tup.tsinghua.edu.cn。

图书在版编目(CIP)数据

Visual C♯.NET 程序设计/崔永红编著.—2 版.—北京:清华大学出版社,2019(2023.7重印)
("十三五"应用型人才培养规划教材)
ISBN 978-7-302-51442-8

Ⅰ.①V… Ⅱ.①崔… Ⅲ.①C语言-程序设计-高等学校-教材 Ⅳ.①TP312.8

中国版本图书馆 CIP 数据核字(2018)第 242172 号

责任编辑:王剑乔
封面设计:刘　键
责任校对:赵琳爽
责任印制:丛怀宇

出版发行:清华大学出版社
网　　址:http://www.tup.com.cn,http://www.wqbook.com
地　　址:北京清华大学学研大厦 A 座　　　邮　编:100084
社 总 机:010-83470000　　　邮　购:010-62786544
投稿与读者服务:010-62776969,c-service@tup.tsinghua.edu.cn
质量反馈:010-62772015,zhiliang@tup.tsinghua.edu.cn
课件下载:http://www.tup.com.cn,010-62770175-4278

印 装 者:三河市春园印刷有限公司
经　　销:全国新华书店
开　　本:185mm×260mm　　印　张:13.5　　字　数:323 千字
版　　次:2011 年 3 月第 1 版　　2019 年 3 月第 2 版　　印　次:2023 年 7 月第 3 次印刷
定　　价:48.00 元

产品编号:059336-01

前言 第2版 FOREWORD

本书采用项目引领组织内容,以完整的"教师信息管理系统"项目为载体,任务驱动,为项目导向的教学模式提供教材。

第2版对开发环境进行了升级。开发环境从第1版的Visual Studio 2005升级为Visual Studio 2015,所有项目都使用最新的Visual Studio 2015开发环境进行开发。Visual Studio 2015是一个丰富的集成开发环境,可用于创建Windows、Android和iOS应用程序,并支持Web应用程序和云服务的开发,功能更加强大。

本书以"教师信息管理系统"项目开发过程为主线,以Visual Studio 2015为开发平台,以C♯为编程语言,以Access为数据库,系统全面。本书是学习Visual C♯.NET程序设计的入门教材,具有以下特点。

(1) 自成体系。C♯编程语言可以作为程序设计的入门语言。本书从入门开始,自成体系,不要求读者学过程序设计方面的先修课程。

(2) 项目导向。本书为了让读者学习后,能很快使用Visual C♯.NET进行软件项目开发,程序设计与项目开发相结合,以"教师信息管理系统"项目开发过程为主线,以Visual Studio 2015为开发环境,以项目教学为主要学习方式,将Visual C♯.NET程序设计的知识点与真实项目开发有机结合,将Visual C♯.NET程序设计主要知识点贯穿于项目开发的整个过程。全书共分9个项目。项目1学习创建教师信息管理系统应用程序,项目2学习C♯语言程序设计,项目3~8学习教师信息管理系统数据库设计、界面设计与实现、数据库编程、功能模块设计与实现,项目9学习教师信息管理系统的部署与安装。

(3) "做中学,学中做"。通过完成"教师信息管理系统"项目开发,学习了Visual C♯.NET程序设计的基本知识和基本方法,同时得到了"教师信息管理系统"项目安装软件。读者可以直接使用该软件,也可以在此基础上进行扩展。同时,配有项目拓展实训和习题供读者练习,实践环节和实际应用相结合。

由于编者水平有限,难免存在不足之处,请读者谅解,提出宝贵意见,并将信息反馈给我们(sxscyh@163.com),我们将不胜感激。

本书配套课件、安装软件、实验报告模板和源代码.rar

作　者
2018年4月

前言

第1版 FOREWORD

Visual C♯.NET 程序设计 Visual Studio.NET 是目前最先进、功能非常强大的数据库项目开发平台之一。C♯是 Microsoft 公司专门为采用.NET 框架开发应用程序的用户设计的程序设计语言，是进行.NET 编程时可采用的最适合的语言。本书将介绍 Visual C♯.NET 程序设计的基本知识和数据库项目开发技术。

本书按照项目开发过程组织内容，适用于项目导向的教学模式。

为了使读者学习后能很快使用 Visual C♯.NET 进行软件项目开发，本书以"教师信息管理系统"项目开发过程为主线，以 Visual Studio 2005 为开发环境，以 C♯为编程语言，以 Access 为数据库，采用项目导向的教学方式，将 Visual C♯.NET 程序设计的知识点与真实项目开发有机结合，将 Visual C♯.NET 程序设计主要知识点贯穿于项目开发的整个过程中。本书共分9章，将详细介绍教师信息管理系统应用程序的创建、C♯语言程序设计基础、教师信息管理系统数据库设计、教师信息管理系统起始界面设计、教师信息管理系统操作界面设计、教师信息管理系统功能模块界面设计、教师信息管理系统数据库编程、教师信息管理系统功能模块实现、教师信息管理系统的部署与安装。

C♯编程语言可以作为程序设计的入门语言。本书从入门知识的讲解开始，自成体系，不要求读者学过程序设计方面的先修课程。

本书的特点是"做中学，学中做"，通过学习本书内容，不但能够掌握 Visual C♯.NET 程序设计的基本知识和基本方法，而且可以完成"教师信息管理系统"项目开发，得到"教师信息管理系统"项目安装软件。读者可以直接使用该软件，也可以在此基础上进行扩展。同时，配有上机实训和习题供读者练习，实践环节和实际应用相结合。

在本书编写过程中，得到了许多专家和同仁的帮助，在此表示最真挚的感谢。同时，感谢李月顺、张克、沙晓艳、李颖云、罗彩君、王晓芳、肖宁等的关心与支持。

由于编者水平有限，书中难免存在不足之处，望读者谅解，提出宝贵意见并反馈给编者（sxscyh@163.com）。

作　者
2010 年 10 月

目录

CONTENTS

项目1　创建教师信息管理系统应用程序 ……………………………………………… 1
　任务1.1　教师信息管理系统的认知 ………………………………………………… 1
　　1.1.1　起始界面 …………………………………………………………………… 1
　　1.1.2　操作界面 …………………………………………………………………… 2
　　1.1.3　功能模块界面 ……………………………………………………………… 2
　任务1.2　.NET的认知 ………………………………………………………………… 4
　　1.2.1　.NET平台 …………………………………………………………………… 4
　　1.2.2　Visual Studio .NET ………………………………………………………… 6
　任务1.3　Visual C♯ .NET的认知 ……………………………………………………… 6
　任务1.4　安装Microsoft Visual Studio .NET ………………………………………… 7
　任务1.5　Visual Studio .NET集成开发环境的认知 ………………………………… 7
　　1.5.1　进入Visual Studio .NET集成开发环境 …………………………………… 7
　　1.5.2　Visual Studio .NET集成开发环境主要窗口 ……………………………… 9
　任务1.6　窗体的认知 ………………………………………………………………… 10
　任务1.7　Label控件的认知 …………………………………………………………… 11
　任务1.8　创建C♯应用程序 …………………………………………………………… 11
　　1.8.1　建立C♯ Windows应用程序的步骤 ………………………………………… 11
　　1.8.2　建立C♯控制台应用程序的步骤 …………………………………………… 13
　　1.8.3　C♯程序的结构 ……………………………………………………………… 14
　任务1.9　创建教师信息管理系统Windows应用程序 ……………………………… 15
　项目拓展实训 …………………………………………………………………………… 18
　习题 ……………………………………………………………………………………… 18

项目2　C♯语言程序设计 ……………………………………………………………… 20
　任务2.1　TextBox与Button控件的认知 ……………………………………………… 20
　　2.1.1　TextBox控件 ………………………………………………………………… 20
　　2.1.2　Button控件 ………………………………………………………………… 20
　任务2.2　C♯数据类型的认知 ………………………………………………………… 22
　　2.2.1　值类型 ……………………………………………………………………… 22
　　2.2.2　引用类型 …………………………………………………………………… 26

2.2.3　常量与变量	28
任务 2.3　运算符与表达式的认知	30
任务 2.4　控制语句的认知	32
2.4.1　选择语句	32
2.4.2　循环语句	35
2.4.3　跳转语句	39
任务 2.5　异常处理的认知	41
任务 2.6　类的认知	44
任务 2.7　继承与多态的认知	47
2.7.1　类的继承	47
2.7.2　多态性	48
项目拓展实训	51
习题	55
项目 3　教师信息管理系统数据库设计	**57**
任务 3.1　教师信息管理系统数据库概要说明的认知	57
任务 3.2　教师信息管理系统数据表结构的认知	57
任务 3.3　教师信息管理系统数据库的创建	60
任务 3.4　教师信息管理系统数据表的创建	61
项目拓展实训	62
习题	62
项目 4　教师信息管理系统起始界面设计与实现	**63**
任务 4.1　教师信息管理系统起始界面设计	63
任务 4.2　基本操作	64
4.2.1　窗体切换	64
4.2.2　MenuStrip 控件	65
4.2.3　ToolTip 控件	69
任务 4.3　教师信息管理系统起始界面的实现	70
4.3.1　添加窗体	70
4.3.2　设计菜单	72
4.3.3　提示信息	77
项目拓展实训	78
习题	79
项目 5　教师信息管理系统操作界面设计与实现	**81**
任务 5.1　教师信息管理系统操作界面设计	81
任务 5.2　基本操作	82
5.2.1　ToolStrip 控件	82
5.2.2　MonthCalendar 控件	84
5.2.3　PictureBox 控件	85
5.2.4　Timer 控件	86

任务 5.3　教师信息管理系统操作界面的实现 …………………………………………… 87
　　　　5.3.1　添加窗体 …………………………………………………………………… 87
　　　　5.3.2　设计工具栏 ………………………………………………………………… 88
　　　　5.3.3　添加控件 …………………………………………………………………… 90
　　项目拓展实训 ………………………………………………………………………………… 91
　　习题 …………………………………………………………………………………………… 93

项目 6　教师信息管理系统功能模块界面设计 …………………………………………………… 95
　　任务 6.1　教师信息管理系统功能模块的认知 …………………………………………… 95
　　任务 6.2　基本操作 ………………………………………………………………………… 95
　　　　6.2.1　列表框类控件 ……………………………………………………………… 95
　　　　6.2.2　TabControl 控件 …………………………………………………………… 98
　　　　6.2.3　GroupBox 控件 ……………………………………………………………… 99
　　　　6.2.4　DataGridView 控件 ………………………………………………………… 100
　　任务 6.3　"校内专任教师"模块界面设计 ………………………………………………… 100
　　　　6.3.1　添加选项卡 ………………………………………………………………… 100
　　　　6.3.2　"教师信息"选项卡设计 …………………………………………………… 101
　　　　6.3.3　"教师查询"选项卡设计 …………………………………………………… 105
　　项目拓展实训 ………………………………………………………………………………… 107
　　习题 …………………………………………………………………………………………… 121

项目 7　教师信息管理系统数据库编程 …………………………………………………………… 122
　　任务 7.1　ADO.NET 的认知 ………………………………………………………………… 122
　　　　7.1.1　ADO.NET 体系结构 ………………………………………………………… 122
　　　　7.1.2　.NET Framework 数据提供程序 …………………………………………… 123
　　　　7.1.3　DataSet ……………………………………………………………………… 123
　　任务 7.2　SQL 语言的认知 ………………………………………………………………… 124
　　任务 7.3　访问数据库 ……………………………………………………………………… 125
　　　　7.3.1　编程访问 …………………………………………………………………… 125
　　　　7.3.2　使用数据工具访问 ………………………………………………………… 129
　　任务 7.4　数据绑定 ………………………………………………………………………… 132
　　任务 7.5　"校内专任教师"模块数据库编程 ……………………………………………… 133
　　　　7.5.1　编程访问 …………………………………………………………………… 133
　　　　7.5.2　数据绑定 …………………………………………………………………… 134
　　项目拓展实训 ………………………………………………………………………………… 136
　　习题 …………………………………………………………………………………………… 140

项目 8　教师信息管理系统功能模块实现 ………………………………………………………… 142
　　任务 8.1　添加、修改与删除 ……………………………………………………………… 142
　　　　8.1.1　添加 ………………………………………………………………………… 142
　　　　8.1.2　修改 ………………………………………………………………………… 143
　　　　8.1.3　删除 ………………………………………………………………………… 144

任务 8.2 查询	147
任务 8.3 文件管理	149
任务 8.4 "校内专任教师"模块功能实现	150
8.4.1 "教师信息"子模块功能实现	150
8.4.2 "教师查询"子模块功能实现	159
项目拓展实训	162
习题	169
项目 9 教师信息管理系统的部署与安装	**171**
任务 9.1 教师信息管理系统的部署	171
任务 9.2 教师信息管理系统的安装	177
项目拓展实训	179
习题	179
参考文献	**180**
附录　习题参考答案	**181**

项目 1

创建教师信息管理系统应用程序

本项目主要包括教师信息管理系统的认知、安装 Microsoft Visual Studio .NET、.NET 集成开发环境、创建教师信息管理系统 Windows 应用程序等内容,这是学习本书后续内容的基础。

任务 1.1　教师信息管理系统的认知

本系统是一个已开发使用的实际项目,读者可以直接使用,也可以在此基础上进行二次开发。

开发一个服务于高校教师信息的收集、管理、传递、存储、维护和使用的教师信息管理系统十分重要,有利于提高教师信息管理的效率。

本系统以 Visual C♯ .NET 为开发平台,以 Access 为数据库,实现教师信息的添加、修改、删除、查询、数据备份、打印等基本操作,系统由起始界面、操作界面、功能模块界面三部分组成,如图 1-1 所示。

1.1.1　起始界面

起始界面是系统运行时的开始界面,一般显示系统的题目、版本、单位、登录信息等,如图 1-2 所示。

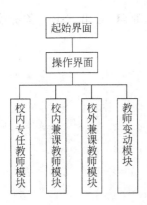

图 1-1　教师信息管理系统结构

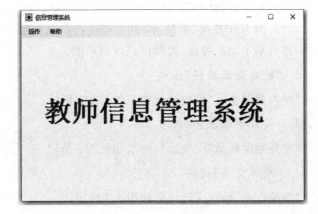

图 1-2　起始界面

1.1.2 操作界面

操作界面是显示系统主要功能的界面,如图 1-3 所示。有些系统将起始界面省略,直接进入主界面。

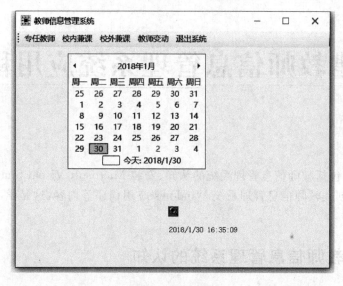

图 1-3 操作界面

操作界面工具栏上有"专任教师""校内兼课""校外兼课""教师变动""退出系统"按钮,单击某一按钮可以进入相应的功能界面。

当用户进入"校内专任教师""校内兼课教师""校外兼课教师""教师变动"功能界面后,操作界面仍然运行,只有单击"退出系统"按钮或"关闭"按钮时才退出。

操作界面上有日历和显示当前时间的控件,方便用户查看。

1.1.3 功能模块界面

教师信息管理系统包括 4 个功能模块。

1."校内专任教师"模块

"校内专任教师"模块运行结果如图 1-4 所示。

在"校内专任教师"模块界面中,可进行信息添加、修改、删除、导出 Excel、备份数据等操作,具有基本信息管理、教师信息查询功能。

2."校内兼课教师"模块

"校内兼课教师"模块运行结果如图 1-5 所示。

3."校外兼课教师"模块

"校外兼课教师"模块运行结果如图 1-6 所示。

4."教师变动"模块

"教师变动"模块运行结果如图 1-7 所示。

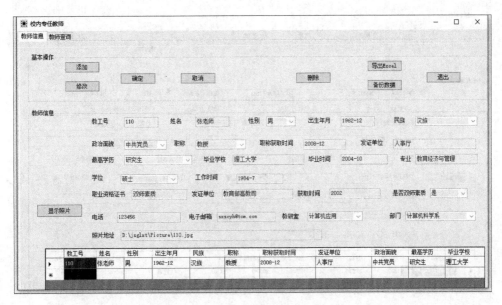

图 1-4 "校内专任教师"模块运行结果

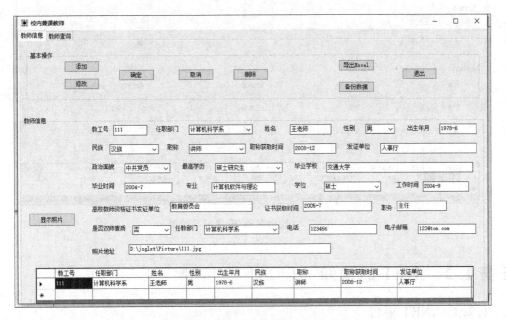

图 1-5 "校内兼课教师"模块运行结果

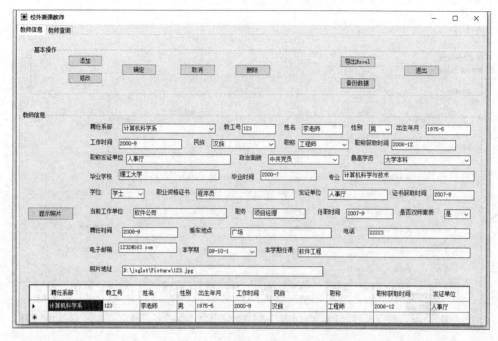

图 1-6 "校外兼课教师"模块运行结果

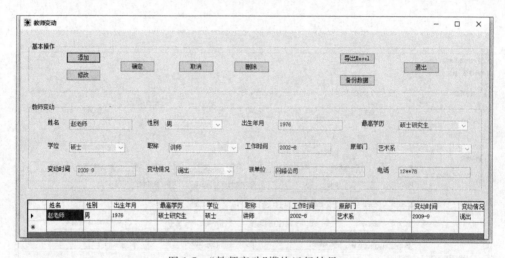

图 1-7 "教师变动"模块运行结果

任务 1.2　.NET 的认知

1.2.1　.NET 平台

2000 年 6 月 22 日,微软公司正式推出了 Microsoft.NET(以下简称.NET)下一代互联网软件和服务战略,2002 年 2 月,微软公司发布了 Visual Studio.NET 正式版。.NET 代表一个集合,一个环境,一个可以作为平台支持下一代 Internet 的可编程结构,是一种面向网络、支持各种用户终端的开发平台。

采用.NET的目的是让用户在任何地点、任何时间、使用手边的任何设备进行网络上的相关工作并取得所需的信息。

.NET平台主要由5部分组成，分别是XML Web服务、开发工具、设备、服务器组件、用户体验，如图1-8所示。

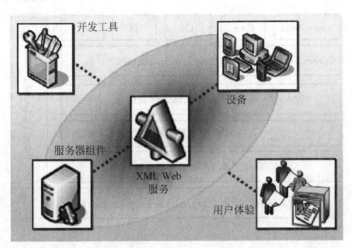

图1-8 .NET平台组成

1．XML Web服务

XML Web服务是用于客户端所需的业务逻辑服务，可以看作是一种没有界面的网站，客户端只需要支持XML（eXtensible Markup Language，可扩展标记语言）、HTTP、SOAP（Simple Object Access Protocol，简单对象访问协议），就可以访问XML Web服务，与XML Web服务进行沟通，不限操作系统平台、编程语言、硬件设备。

2．开发工具

开发工具主要包括Visual Studio .NET和.NET Framework，用于设计、创建、运行和部署.NET解决方案，Visual Studio .NET是.NET的集成开发环境，.NET Framework是.NET的基础框架。

3．设备

设备是指计算机、手机、电话等，用于访问XML Web服务。

4．服务器组件

.NET企业级服务器包括Microsoft Windows服务器系列，用于构建、部署和运行.NET解决方案的基础架构。

5．用户体验

集成了XML Web服务的传统客户软件，以友好的方式提供用户需要的功能。典型的.NET体验的产品包括Microsoft bCentral、Microsoft MSN等。

1.2.2 Visual Studio.NET

Visual Studio.NET 是为建立 .NET Framework 应用而设置的集成开发环境，在 .NET Framework 和公共语言规范的基础上，可运行 Visual Basic、C++、C♯、J♯ 等多种语言，如图 1-9 所示。

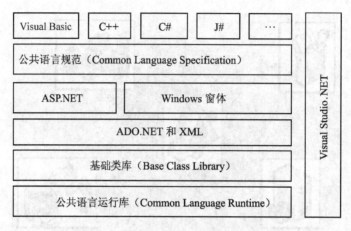

图 1-9 .NET 架构

.NET Framework 是 .NET 平台核心部分。.NET Framework 主要包括公共语言运行库和基础类库。

公共语言运行库(Common Language Runtime，CLR)是 .NET 架构中最基本的部分，是运行时的环境，提供程序代码的编译、内存管理、安全性的控管等功能，是一个在执行时管理代码的代理。对于用符合公共语言规范的程序语言所开发的程序，均可以在任何有 CLR 的操作系统上执行。

基础类库(Base Class Library)是一个综合性的面向对象的可重用类型集合，用户可以用来开发包含从传统的命令行或图形用户界面应用程序到 ASP.NET 所提供的应用程序在内的应用程序。

任务 1.3 Visual C♯.NET 的认知

C♯(读作 C Sharp)是 Microsoft 公司专门针对在 .NET 架构下开发应用程序而设计的程序设计语言，综合了 C/C++ 和 Java 等语言的优点，C♯ 也是使用 .NET 进行编程的最佳语言。

Microsoft 公司对 C♯ 的定义是"C♯ 是一种类型安全的、现代的、简单的、由 C 和 C++ 衍生而来的面向对象的编程语言，它是源于 C 和 C++ 语言的，并可立即被 C 和 C++ 开发人员所熟悉。C♯ 的目的就是综合 Visual Basic 的高生产率和 C++ 的行动力。"

C♯ 具有以下特点。

(1) 语法简洁。

(2) 与 Web 结合紧密。

(3) 完全面向对象。

(4) 健壮安全。

(5) 具有灵活性和兼容性。

(6) 具有版本控制功能。

任务 1.4 安装 Microsoft Visual Studio .NET

安装 Microsoft Visual Studio 2015 的步骤如下。

（1）启动 Visual Studio Enterprise 2015 安装程序文件。双击.exe 安装文件弹出 Visual Studio 2015 安装提示界面，如图 1-10 所示。

（2）单击"安装"按钮，按照向导提示即可完成安装。Visual Studio 2015 安装完成界面如图 1-11 所示。

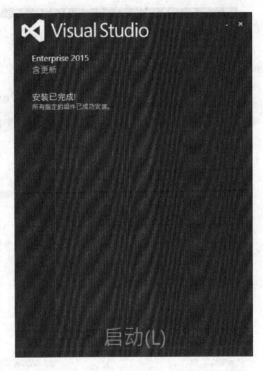

图 1-10 Visual Studio 2015 安装提示界面　　　图 1-11 Visual Studio 2015 安装已完成界面

任务 1.5 Visual Studio .NET 集成开发环境的认知

1.5.1 进入 Visual Studio .NET 集成开发环境

1. Visual Studio 起始页

选择"开始"→"程序"→Visual Studio 2015 命令，启动 Microsoft Visual Studio 2015 程序，出现 Visual Studio 2015"起始页"窗口，如图 1-12 所示。

2. 创建新项目

（1）在 Visual Studio 2015 集成开发环境下，选择"文件"→"新建"→"项目"命令，弹出

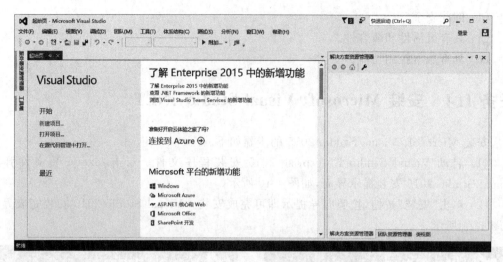

图 1-12　Visual Studio 2015 系统"起始页"窗口

如图 1-13 所示的"新建项目"对话框。

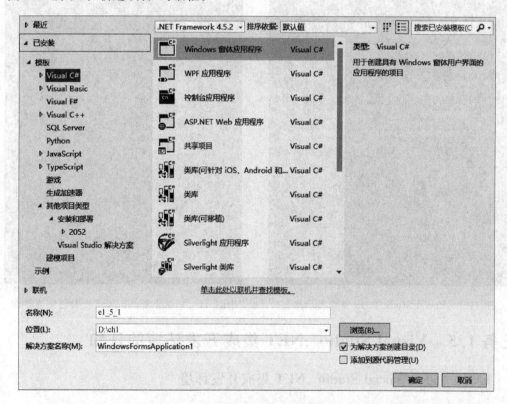

图 1-13　"新建项目"对话框(1)

（2）在"新建项目"对话框中选择"Windows 窗体应用程序"。然后在"名称"文本框中输入 e1_5_1，在"位置"文本框中输入"D:\ch1"，单击"确定"按钮，出现 Visual Studio .NET 集成开发环境，如图 1-14 所示。

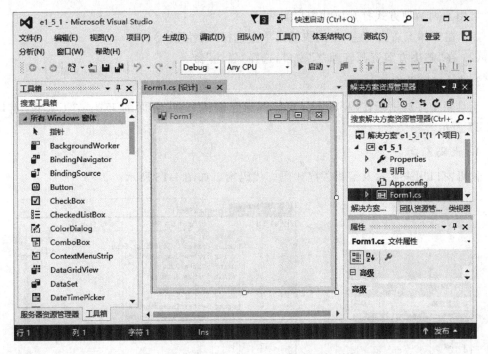

图 1-14　Visual Studio .NET 集成开发环境

1.5.2　Visual Studio .NET 集成开发环境主要窗口

1. "解决方案资源管理器"窗口

解决方案资源管理器用来管理和程序相关的各种文件。"解决方案资源管理器"窗口如图 1-15 所示。

2. "属性"窗口

"属性"窗口用来设置窗体及窗体上各控件的属性值。"属性"窗口如图 1-16 所示。

图 1-15　"解决方案资源管理器"窗口

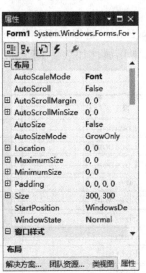

图 1-16　"属性"窗口

可用下列两种方式打开属性窗口。

(1) 在窗体上右击,在弹出的快捷菜单上选择"属性"命令。

(2) 在"解决方案资源管理器"窗口,选择"属性"命令。

3."工具箱"窗口

工具箱中存放用于在 Windows 窗体下建立输入、输出界面的工具。"工具箱"窗口如图 1-17 所示。

4.代码窗口

代码窗口用来显示及编写程序代码。代码窗口如图 1-18 所示。

图 1-17 "工具箱"窗口

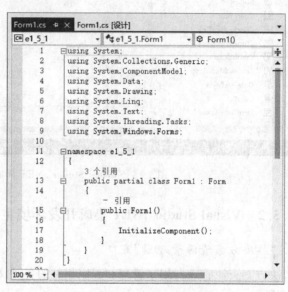

图 1-18 代码窗口

任务 1.6 窗体的认知

窗体(Form)是以 .NET Framework 为基础的平台,主要用来开发 Windows 应用程序。窗体常用属性如表 1-1 所示。

表 1-1 窗体常用属性

属　　性	说　　明
Location	窗体的位置,窗体左顶点坐标
Location/X	窗体距离屏幕左上角的水平位置
Location/Y	窗体距离屏幕左上角的垂直位置
Size	窗体大小
Size/Width	窗体的水平宽度
Size/Height	窗体的垂直高度
Name	窗体的名称,默认值 Form1
Font	设置字体、字号
Text	窗体标题栏上的文本,默认值 Form1

任务 1.7 Label 控件的认知

Label 控件是设计输入、输出界面时常用的控件之一，Label 控件又称标签控件，通常用于显示文本信息，它在工具箱中的图标为 **A** Label。

在工具箱中单击"所有 Windows 窗体"工具组，再选择 Label 控件，然后将其拖放到窗体指定位置，将会在窗体上建立默认名称为 Label1 的控件。也可以直接双击该控件，就会在窗体的左上角显示控件，然后用鼠标将该控件拖放到指定位置。

如果设置 Label 控件的属性值，可用下列 3 种方式打开"属性"窗口。

(1) 在控件上右击，在弹出的快捷菜单上选择"属性"命令。
(2) 在"解决方案资源管理器"窗口，单击 🔧 图标，再选择该控件。
(3) 在"属性"窗口的下拉列表框中选择该控件。

Label 控件常用成员如表 1-2 所示。

表 1-2 Label 控件常用成员

成 员	说 明
Name 属性	控件名称，默认值 Label1
Text 属性	设置或返回标签控件中显示的文本信息，默认值为 Label1
ForeColor 属性	设置控件中文本的前景色
BackColor 属性	设置控件的背景色
Font 属性	设置控件中文本的字体
Image 属性	指定标签要显示的图像
Enabled 属性	设置或返回控件的状态

任务 1.8 创建 C♯ 应用程序

1.8.1 建立 C♯ Windows 应用程序的步骤

建立 C♯ Windows 应用程序一般包括以下一些基本步骤。

1. 创建 C♯ Windows 应用程序项目

(1) 选择"开始"→"程序"→ Visual Studio 2015 命令，启动 Microsoft Visual Studio 2015 程序。

(2) 在 Visual Studio 2015 集成开发环境下，选择"文件"→"新建"→"项目"命令，弹出如图 1-19 所示的"新建项目"对话框。

(3) 在对话框中选择"Windows 窗体应用程序"。然后在"名称"文本框中输入 e1_8_1，在"位置"文本框中输入 D:\ch1，单击"确定"按钮。

2. 建立窗体控件

选择工具箱中的"所有 Windows 窗体"工具组，可以用拖放的方式将要使用的控件放到窗体上。如图 1-20 所示，拖放一个 Label 到窗体上，右击 Label 控件，从弹出的快捷菜单中选择"属性"命令，将 Label 控件的 Text 属性设置成"第一个 C♯ Windows 应用程序"。

图 1-19 "新建项目"对话框(2)

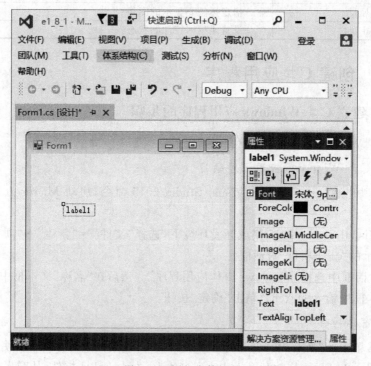

图 1-20 添加窗体控件

在窗体上右击,从弹出的快捷菜单中选择"查看代码"命令,可打开窗体的代码隐藏页,进行编码,如图 1-21 所示。选择窗体上方的"设计"选项卡可切换到"设计"视图。

图 1-21　打开窗体的代码隐藏页

3. 调试运行

在主菜单中选择"生成"→"生成解决方案"命令,生成成功后,在主菜单中选择"调试"→"开始执行"命令运行程序,运行结果如图 1-22 所示。

1.8.2　建立 C♯ 控制台应用程序的步骤

建立 C♯ 控制台应用程序一般包括以下一些基本步骤。

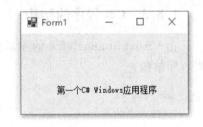

图 1-22　Windows 应用程序运行结果

1. 创建 C♯ 控制台应用程序项目

(1) 选择"开始"→"程序"→ Visual Studio 2015 命令。

(2) 在 Visual Studio .NET 集成开发环境下,选择"文件"→"新建"→"项目"命令,打开如图 1-23 所示的"新建项目"对话框。

(3) 在列表框中选择"控制台应用程序",然后在"名称"文本框中输入 e1_8_2,在"位置"文本框中输入 D:\ch1,单击"确定"按钮。

2. 编码

在代码编辑器窗口中编码。在 Main() 函数中输入:

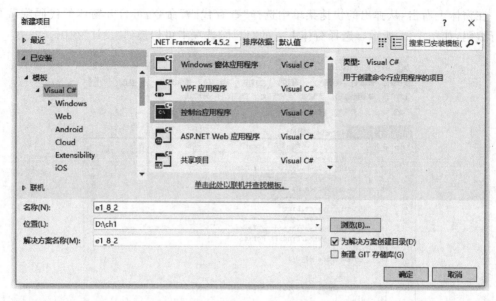

图 1-23 "新建项目"对话框（3）

Console.WriteLine("第一个控制台应用程序");

3. 编译运行

在主菜单中选择"生成"→"生成解决方案"命令，生成成功后，在主菜单中选择"调试"→"开始执行"命令运行程序，运行结果如图 1-24 所示。

图 1-24 控制台应用程序运行结果

1.8.3 C♯程序的结构

在 Visual Studio.NET 的控制台应用程序下，编写 C♯ 的控制台应用程序时，会出现下列程序结构：

```
using System;
namespace e1_8_2
{
    class Program
    {
        static void Main(string[]args)
        {
            //
            // TODO: 在此处添加代码以启动应用程序
            //
            Console.WriteLine("第一个控制台应用程序");
        }
    }
}
```

1. 命名空间

程序的第一条语句"using System;"的作用是导入命名空间 System，System 是.NET

框架提供的命名空间之一，命名空间中含有系统类库中已定义的类，System 命名空间中包含 Console 类。如果在程序开始前先声明"using System;"，以后在程序中使用 System 命名空间内的类时，就不必在类的前面再加上 System。

程序中的语句"namespace e1_8_2"声明了一个命名空间 e1_8_2，当新建一个项目时，系统就会自动生成一个与项目名称同名的命名空间。

2. 注释

程序中"//"是单行注释符号，其后的文本是注释信息，注释信息不参加编译，不影响程序的执行结果。C♯提供了两种注释方法，另外一种是使用"/* */"符号对，以"/*"开始，以"*/"结束，注释内容写在中间，该符号既可以进行单行注释，也可以进行多行注释。

3. 类与方法

程序中的语句"class Program"是类的声明，使用 class 关键字定义了一个名称为 Program 的类，可以根据需要将 Program 改名为较有意义的名称。

程序中的语句"static void Main(string[ ] args)"为类 Program 声明了一个方法，一个 C♯程序可以由若干类组成，在多个类中只有一个类可以有方法 Main()，程序从 Main()方法开始执行。

程序中的语句"Console.WriteLine("第一个控制台应用程序");"的作用是输出"第一个控制台应用程序"信息，WriteLine()是类 Console 中的一种输出方法。C♯语言区分大小写，不能将 WriteLine()写成 writeline()。

基本输入/输出使用 Console 类。Write()和 WriteLine()是 Console 类提供的方法，用于将输出流在屏幕上显示出来。当执行 Write()方法完毕后，光标会停在输出字符串的最后一个字符后，不移到下一行。WriteLine()方法是将要输出的字符串与换行字符串一起输出，当此语句执行完毕后，光标会自动移到目前输出字符串的下一行。

Read()和 ReadLine()是 Console 类提供的方法，用于将由键盘输入的数据读出来。Read()方法只能从输入流中接收一个字符，ReadLine()方法可以接收一串输入流直至按下 Enter 键为止。

任务 1.9　创建教师信息管理系统 Windows 应用程序

建立 C♯ Windows 应用程序一般包括以下一些基本步骤。

1. 创建 C♯ Windows 应用程序项目

(1) 选择"开始"→"程序"→Visual Studio 2015 命令，启动 Microsoft Visual Studio 2015 程序。

(2) 在 Visual Studio 2015 集成开发环境下，选择"文件"→"新建"→"项目"命令，弹出如图 1-25 所示的"新建项目"对话框。

(3) 在列表框中选择"Windows 窗体应用程序"。然后在"名称"文本框中输入 jsgl，在"位置"文本框中输入 D:\ch1，单击"确定"按钮。

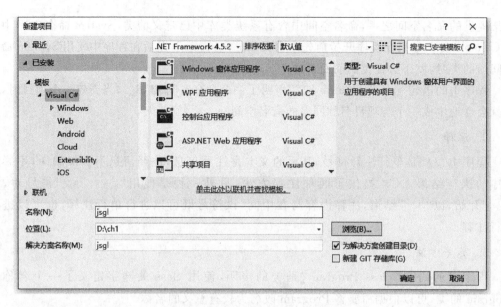

图 1-25 "新建项目"对话框(4)

2. 添加窗体控件

选择工具箱中的"公共控件",可以用拖放的方式将所要使用的控件放到窗体上。如图 1-26 所示,拖放一个 Label 到窗体上。

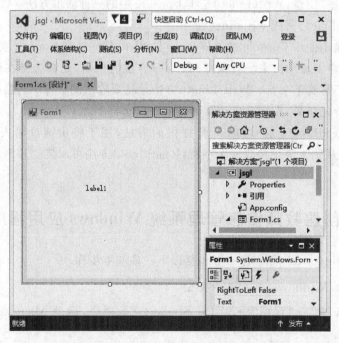

图 1-26 建立窗体控件

窗体和 Label 控件的属性如表 1-3 所示。

在"解决方案资源管理器"窗口,选中 Form1.cs,右击,选择重命名,将 Form1.cs 修改为 sy.cs。

表 1-3 窗体与 Label 控件的属性

对象默认名称	属性	属性值
Form1	Name	sy
	Location	0,0
	Location/X	0
	Location/Y	0
	Size	592,416
	Size/Width	592
	Size/Height	416
	BackColor	255,255,192(自定义选项中,第一排第四个)
	Text	信息管理系统
	StartPosition	CenterScreen
	Icon	资料包：my 图标
Label1	AutoSize	False
	Location	35,140
	Location/X	35
	Location/Y	140
	Size	528,58
	Size/Width	528
	Size/Height	58
	BackColor	255,255,192(自定义选项中,第一排第四个)
	ForeColor	ControlDarkDark
	Text	教师信息管理系统
	Font/name	Microsoft Sans Serif
	Font/Size	42
	Font/Bold	True

3. 调试运行

在主菜单中选择"生成"→"生成解决方案"命令,生成成功后,在主菜单中选择"调试"→"开始执行"命令或直接单击工具栏中的"启动"按钮运行程序,运行结果如图 1-27 所示。

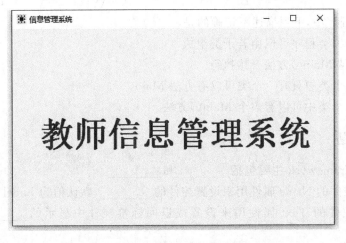

图 1-27 教师信息管理系统应用程序运行结果

项目拓展实训

一、实训目的

1. 熟悉.NET集成开发环境。
2. 掌握创建C♯ Windows应用程序的方法。
3. 掌握创建C♯控制台应用程序的方法。

二、实训内容

1. 创建一个控制台应用程序,在Main()方法中输入以下代码。

```
Console.Write("您好!");
Console.WriteLine("欢迎您!");
Console.WriteLine("您好!");
Console.Write("欢迎您!");
```

运行程序并分析结果。

2. 创建一个C♯ Windows窗体应用程序,项目名称为jsgl,位置选在D盘根目录下,在窗体上添加一个Label控件,窗体和Label控件的属性如表1-3所示。运行程序并分析结果。

习题

一、选择题

1. 关于C♯的特点,下列描述不正确的是(　　)。
   A. 语法简洁　　　　　　　　　　B. 与Web结合紧密
   C. 不支持面向对象　　　　　　　D. 健壮安全
2. 在C♯中,下列符号表示注释的是(　　)。
   A. /　　　　　　B. \　　　　　　C. \\　　　　　　D. //
3. 在C♯程序中,下列描述不正确的是(　　)。
   A. 一个C♯程序可以由若干类组成
   B. 程序从Main()方法开始执行
   C. 在多个类中只有一个类可以有方法Main()
   D. 在多个类中可以有多个Main()方法

二、填空题

1. .NET Framework主要包括_____和_____。
2. Label控件的Name属性用来设置控件的_____,默认值为Label1。
3. Label控件的Text属性用来设置或返回标签控件中显示的_____,默认值为Label1。

三、编程题

1. 创建一个 C♯ Windows 应用程序,程序的运行界面如图 1-28 所示。

图 1-28　程序运行结果(1)

2. 编写一个 C♯ 控制台应用程序,程序的运行界面如图 1-29 所示。

图 1-29　程序运行结果(2)

3. 创建一个 Windows 窗体应用程序,显示唐诗一首。

项目 2

C#语言程序设计

本项目主要包括 TextBox 与 Button 控件的认知、C#数据类型的认知、运算符与表达式的认知、控制语句的认知、异常处理的认知、类的认知、继承与多态的认知等内容,结合 TextBox、Button、Label 等常用控件,学习 C# Windows 应用程序。

任务 2.1 TextBox 与 Button 控件的认知

2.1.1 TextBox 控件

TextBox 控件也是设计输入/输出界面时常用的控件之一,TextBox 控件又称文本框控件,通常用于文本的输入、显示、编辑和修改。它在工具箱中的图标为 abl TextBox 。

TextBox 控件常用成员如表 2-1 所示。

表 2-1 TextBox 控件常用成员

成员	说明
Text 属性	设置或显示文本
Enabled 属性	设置控件是否启用,True 表示启用该控件,False 表示不启用该控件
PasswordChar 属性	设置文本框的密码输入后显示的字符
MultiLine 属性	设置文本框的文本是否可以多行显示,True 表示可以多行显示,False 表示不可以多行显示
ReadOnly 属性	设置文本框的文本是否为只读,True 表示只读,False 表示可读可写

另外,RichTextBox 控件继承自 TextBox 控件,除具有 TextBox 控件的属性外,还增加了编辑文本功能。

2.1.2 Button 控件

Button 控件是设计输入/输出界面时常用的控件之一,Button 控件又称按钮控件,通常用于执行命令。它在工具箱中的图标为 ab Button 。

Button 控件常用成员如表 2-2 所示。

表 2-2 Button 控件常用成员

成 员	说 明
Text 属性	设置按钮显示文本
Name 属性	设置控件名称
Enabled 属性	设置控件是否启用,True 表示启用该控件,False 表示不启用该控件
Image 属性	设置显示在按钮上的图像
Click 事件	当用户单击按钮控件时,将触发该事件,该事件内的程序代码就会被执行一次

【例 2-1】 显示输入文本。编写成 Windows 应用程序,程序的设计界面如图 2-1 所示,程序的运行界面如图 2-2 所示。

图 2-1 例 2-1 程序的设计界面

图 2-2 例 2-1 程序的运行界面

【操作】

(1) 新建项目 vcs2_1,在 Form1 窗体上添加两个 Label 控件、两个 TextBox 控件和两个 Button 控件。

(2) 设置属性。窗体与控件的属性如表 2-3 所示。

表 2-3 窗体与控件的属性

对象默认名称	属性	属 性 值	对象默认名称	属性	属 性 值
Form1	Location	0,0	Button2	Location	159,177
	Text	显示输入文本		Text	退出
Label1	Location	22,40	TextBox1	Location	129,37
	Text	请输入文本		Text	—
Label2	Location	22,115	TextBox2	Location	137,112
	Text	您输入的文本是		Text	—
Button1	Location	25,177			
	Text	显示输入的文本			

(3) 编写程序代码。双击 Button1 控件,编写如下程序代码。

```
private void button1_Click(object sender, EventArgs e)   //系统自动生成
{
```

```
        textBox2.Text = textBox1.Text;                    // button1 的 Click 事件执行代码
}
```

双击 Button2 控件,编写如下程序代码。

```
private void button2_Click(object sender, EventArgs e)
{
        Application.Exit();                               //退出应用程序的代码
}
```

任务 2.2 C#数据类型的认知

C#的数据类型可以分为值类型和引用类型两大类。值类型包括简单类型、枚举类型和结构类型。引用类型包括类类型、数组类型、接口类型和代理类型等。

2.2.1 值类型

C#的简单数据类型包括整数类型、字符类型、布尔类型、实数类型、小数类型。

1. 整数类型

C#有 8 种整数类型,所占存储单元和表示数的范围各不相同,这些整数类型占用的内存和所表示的数据范围如表 2-4 所示。

表 2-4 整数类型

名 称	类 型 名	字 节 数	取 值 范 围
有符号字节型	sbyte	1	$-128\sim 127$
字节型	byte	1	$0\sim 255$
短整型	short	2	$-32\,768\sim +32\,767$
无符号短整型	ushort	2	$0\sim 65\,535$
整型	int	4	$-2\,147\,483\,648\sim +2\,147\,483\,647$
无符号整型	uint	4	$0\sim 4\,294\,967\,295$
长整型	long	8	$-2^{63}\sim 2^{63}-1$
无符号长整型	ulong	8	$0\sim 2^{64}-1$

2. 字符类型

字符类型用来表示单个字符,表示的字符是 Unicode 大字符集中的一个字符。一个 Unicode 的标准字符长度为 16 位,用它可以表示世界上的大多数语言。字符类型的类型说明符为 char,每个字符占 2 字节。

C#中存在转义符,用于在程序中代替特殊字符,如表 2-5 所示。

3. 布尔类型

布尔类型(bool)是用来表示"真"和"假"的。布尔类型只有两个数值: ture 和 false。

C#只能用 ture 和 false 表示"真"和"假",不能进行 bool 类型与其他类型之间的相互转换。

表 2-5 转义符

转义符	含义	转义符	含义
\'	单引号	\f	换页符
\"	双引号	\n	换行符
\\	反斜杠	\r	回车符
\o	空字符	\t	制表符(Tab 键)
\a	感叹号	\v	垂直制表符
\b	退格符		

4．实数类型

实数类型包含单精度型(float)和双精度型(double)两种。一个实数常量，在 C♯ 中默认类型为 double，而 double 类型到 float 类型之间不存在隐式转换。

5．小数类型

小数类型又称十进制类型，其类型说明符为 decimal，主要用于金融领域。在 C♯ 语言中使用后缀"m"表示该数据是 decimal 类型，如 0.1m、100m 等。

6．结构类型

把一系列相关的变量组成的实体称为结构。结构类型允许将不同数据类型的数据放在一起构成一条记录，结构类型使用关键字 struct 进行声明。定义结构类型的语法如下：

```
[private][public] struct 结构类型名称
{
    数据类型  字段名称；
    [数据类型  字段名称；]
}
```

结构体类型变量声明的形式为

结构体名　结构变量名；

声明结构变量时可设置初值。结构体变量声明可以在结构体类型声明之后，也可以同时进行，结构体成员的访问形式为

结构体变量名.成员名

【例 2-2】 结构类型应用。编写 Windows 应用程序，程序的设计界面如图 2-3 所示，程序的运行界面如图 2-4 所示。

【操作】

（1）新建项目 vcs2_2，在 Form1 窗体上添加 9 个 Label 控件、8 个 TextBox 控件和 1 个 Button 控件。

（2）设置属性。窗体与控件的属性如表 2-6 所示。

图 2-3　例 2-2 程序的设计界面　　　　图 2-4　例 2-2 程序的运行界面

表 2-6　窗体与控件的属性

对象默认名称	属性	属 性 值	对象默认名称	属性	属 性 值
Form1	Location	0,0	Button1	Location	68,151
	Text	结构类型应用		Text	输出信息
Label1	Location	66,9	TextBox1	Location	105,26
	Text	输入信息		Text	—
Label2	Location	28,29	TextBox2	Location	105,57
	Text	学号		Text	—
Label3	Location	28,60	TextBox3	Location	105,86
	Text	姓名		Text	—
Label4	Location	28,86	TextBox4	Location	105,117
	Text	性别		Text	—
Label5	Location	28,120	TextBox5	Location	105,180
	Text	年龄		Text	—
Label6	Location	28,183	TextBox6	Location	100,21
	Text	学号		Text	—
Label7	Location	28,210	TextBox7	Location	105,243
	Text	姓名		Text	—
Label8	Location	28,243	TextBox8	Location	105,270
	Text	性别		Text	—
Label9	Location	28,273			
	Text	年龄			

（3）编写程序代码。双击 Button1 控件，编写如下程序代码。

```
public struct stu
{
    public string No;                              //学号
    public string Name;
    public string Sex;
```

```
        public int Age;
}

private void button1_Click(object sender, System.EventArgs e)
{
    stu a;
    a.No = textBox1.Text;
    a.Name = textBox2.Text;
    a.Sex = textBox3.Text;
    a.Age = Convert.ToUInt16(textBox4.Text);
    textBox5.Text = a.No;
    textBox6.Text = a.Name;
    textBox7.Text = a.Sex;
    textBox8.Text = a.Age.ToString();
}
```

7. 枚举类型

枚举数据类型是常数的集合。枚举类型的定义形式如下：

enum 枚举类型名{枚举元素1,枚举元素2, … ,枚举元素n};

枚举定义中的每个枚举元素代表一个整数值。枚举元素具有默认值，它们依次为 $0,1,2,3,\cdots,n-1$，各枚举元素若有赋值，其后未赋值者以此赋值为基础顺序加1。

枚举类型变量声明的形式为

枚举类型名　枚举变量名；

枚举成员的访问形式为

枚举类型名.枚举元素名

【例 2-3】　枚举类型应用。编写成 Windows 应用程序，程序的设计界面如图 2-5 所示，程序的运行界面如图 2-6 所示。

图 2-5　例 2-3 程序的设计界面　　　图 2-6　例 2-3 程序的运行界面

【操作】

(1) 新建项目 vcs2_3，在 Form1 窗体上添加两个 Label 控件、1 个 TextBox 控件和 1 个 Button 控件。

(2) 设置属性。窗体与控件的属性如表 2-7 所示。

表 2-7 窗体与控件的属性

对象默认名称	属　　性	属　性　值
Form1	Text	枚举类型应用
Label1	Text	enum color{green,red＝5,blue,black}
Label2	Text	blue 的值为
Button1	Text	显示

（3）编写程序代码。双击 Button1 控件，编写如下程序代码。

```
enum color {green, red = 5, blue, black};
private void button1_Click(object sender, EventArgs e)
{
    color a;
    int t;
    a = color.blue;
    t = (int)a;
    textBox1.Text = Convert.ToString(t);
}
```

2.2.2　引用类型

1. 类类型

C♯中有两个经常用到的类是 object 类和 string 类。object 类是 System.Object 的别名，object 类是其他类型的基类，C♯中的任何一个数据类型，无论是预定义的还是用户定义的，均是直接或间接地从 object 类派生的。string 类是直接从 object 类派生的预定义类型，string 是 System.String 的别名，string 类中封装了多种操作，用于处理字符串。

【例 2-4】　字符串类应用。编写 Windows 应用程序，程序的设计界面如图 2-7 所示，程序的运行界面如图 2-8 所示。

图 2-7　例 2-4 程序的设计界面

图 2-8　例 2-4 程序的运行界面

【操作】

（1）新建项目 vcs2_4，在 Form1 窗体上添加 3 个 Label 控件、3 个 TextBox 控件和 1 个 Button 控件。

(2) 设置属性。窗体与控件的属性如表 2-8 所示。

表 2-8　窗体与控件的属性

对象默认名称	属　　性	属　性　值
Form1	Text	字符串类应用
Label1	Text	请输入字符串 a
Label2	Text	请输入字符串 b
Label3	Text	a＋b
Button1	Text	连接

(3) 编写程序代码。双击 Button1 控件，编写如下程序代码。

```
private void button1_Click(object sender, EventArgs e)
{
    string a;
    string b;
    a = textBox1.Text;
    b = textBox2.Text;
    textBox3.Text = a + b;
}
```

2. 数组

数组是一组类型相同的有序数据结构。数组的数据称为数组元素，同一个数组的数组元素具有相同的数据类型。通过数组名和下标来访问数组元素，数组元素的下标从 0 开始，数组的定义形式如下。

一维：

数据类型[ ]数组名 = new 数据类型[长度]；

二维：

数据类型[,]数组名 = new 数据类型[长度 1,长度 2]；

给一维数组元素赋值的形式如下。

数据类型[ ]数组名 = {初值列表}；

引用一维数组元素的形式如下。

数组名[下标]

【例 2-5】　数组的应用。编写 Windows 应用程序，程序的设计界面如图 2-9 所示，程序的运行界面如图 2-10 所示。

【操作】

(1) 新建项目 vcs2_5，在 Form1 窗体上添加 4 个 Label 控件、4 个 TextBox 控件和 1 个 Button 控件。

(2) 设置属性。窗体与控件的属性如表 2-9 所示。

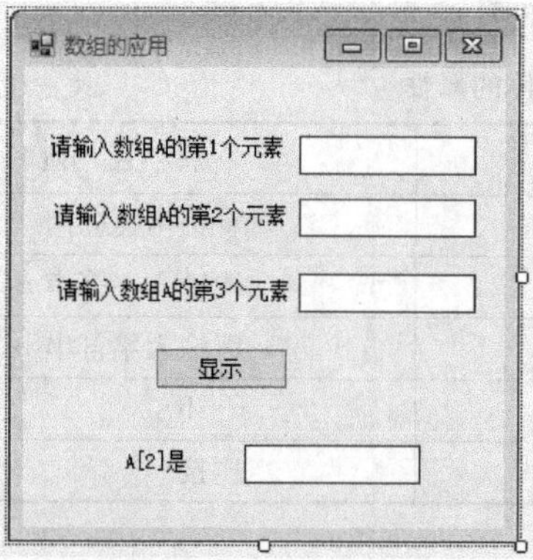

图 2-9　例 2-5 程序设计界面 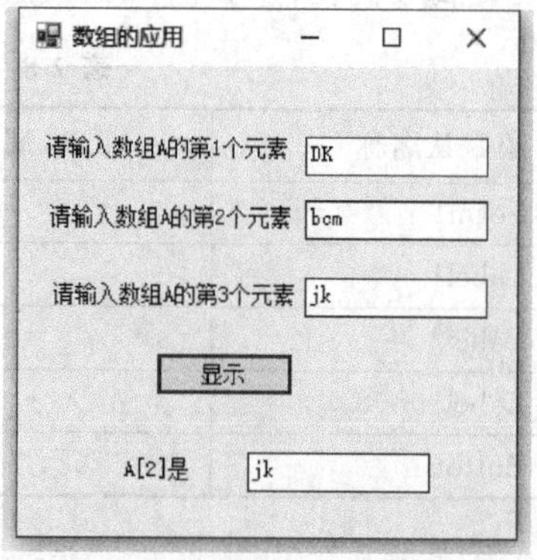　　　　图 2-10　例 2-5 程序运行界面

表 2-9　窗体与控件的属性

对象默认名称	属　性	属　性　值
Form1	Text	数组的应用
Label1	Text	请输入数组 A 的第 1 个元素
Label2	Text	请输入数组 A 的第 2 个元素
Label3	Text	请输入数组 A 的第 3 个元素
Label4	Text	A[2]是
Button1	Text	显示

（3）编写程序代码。双击 Button1 控件，编写如下程序代码。

```
private void button1_Click(object sender, EventArgs e)
{
    string[] A = new string[3];
    A[0] = textBox1.Text;
    A[1] = textBox2.Text;
    A[2] = textBox3.Text;
    textBox4.Text = A[2];
}
```

3．代理类型

代理是用 delegate 声明定义的一种引用类型，就是定义一种变量用于指代一个方法。

4．接口类型

接口(interface)定义了一个协定。它描述了组件对外提供的服务，在组件和组件之间、组件和客户之间都通过接口进行交互，接口可以从多个基接口继承，一个类可以实现多个接口。

2.2.3　常量与变量

常量是程序运行中固定不变的量。常量的值是在编译时确定的，在执行期间不变，只能引用不能改变。常量的声明形式为

```
const  类型名  声明列表;
```

常量在引用前必须用常量声明语句来明确它的类型和值。

变量是内存中的一个存储空间。变量的声明形式为

```
类型名  变量名;
```

变量名必须是合法的标识符。变量名由字母、数字和下画线组成,变量名必须以字母或下画线开头,为了和系统变量进行区别,用户定义的变量尽量不用下画线开头。变量名不能与C#的关键字相同,变量要先声明后引用。

【例 2-6】 求圆的周长和面积。编写 Windows 应用程序,程序的设计界面如图 2-11 所示,程序的运行界面如图 2-12 所示。

图 2-11 例 2-6 程序设计界面

图 2-12 例 2-6 程序运行界面

【操作】

(1) 新建项目 vcs2_6,在 Form1 窗体上添加 3 个 Label 控件、3 个 TextBox 控件和 1 个 Button 控件。

(2) 设置属性。窗体与控件的属性如表 2-10 所示。

表 2-10 窗体与控件的属性

对象默认名称	属　性	属　性　值
Form1	Text	求圆的周长和面积
Label1	Text	请输入圆的半径
Label2	Text	圆的周长是
Label3	Text	圆的面积是
Button1	Text	计算

(3) 编写程序代码。双击 Button1 控件,编写如下程序代码。

```
private void button1_Click(object sender, EventArgs e)
{
    double r,l,s;
    r = Convert.ToSingle(textBox1.Text);      //把输入的半径转换为实数
    l = 2 * Math.PI * r;                      // Math.PI 是 Math 类定义的常数
```

```
        s = Math.PI * r * r;
        textBox2.Text = Convert.ToString(l);
        textBox3.Text = Convert.ToString(s);
}
```

任务 2.3 运算符与表达式的认知

表达式由运算符和操作数构成。运算符表示对操作数进行的运算,按所操作对象的数目划分,运算符可分为一元运算符、二元运算符和三元运算符。

一元运算符有一个操作数,又分为前缀符号和后缀符号;二元运算符有两个操作数,都使用中间符号;C♯只有一个三元运算符"?:",三元运算符使用方法如下:

a?b:c

上面语句表示如果 a 为真,则取 b 的值,否则取 c 的值。

C♯提供了丰富的预定义运算符,系统的预定义运算符如表 2-11 所示。

表 2-11 运算符

名称	运算符
算术运算符	+ - * / %
逻辑(按位和布尔)	& | ^ ! ~ && || true false
递增、递减	++ --
位移	<< >>
关系	== != < > <= >=
赋值	= += -= *= /= %= &= |= ^= <<= >>=
成员访问	.
索引	[ ]
转换	( ) as
三元条件	?:
代理串联和移除	+ -
创建对象	new
类型信息	is sizeof typeof
异常控制	checked unchecked
间接寻址和地址	* -> [ ] &

运算符的优先级(从高到低)与结合性如表 2-12 所示。

表 2-12 运算符的优先级(从高到低)与结合性

类别	运算符	结合性
基本	( ) . f( ) [ ] new checked unchecked typeof x++ x--	
单目	+(正) -(负) ! ~ ++x --x (T)x	自右向左
乘除	* / %	自左向右

续表

类　别	运　算　符	结合性
加减	＋　－	自左向右
位移	＜＜　＞＞	自左向右
比较	＜　＞　＜＝　＞＝　is	自左向右
相等	＝＝　！＝	自左向右
位与	＆	自左向右
位异或	^	自左向右
位或	|	自左向右
逻辑与	＆＆	自左向右
逻辑或	||	自左向右
条件	？：	自右向左
赋值	＝　＋＝　－＝　＊＝　／＝　％＝　＆＝　|＝　^＝　＜＜＝　＞＞＝	自右向左

【例 2-7】 运算符的应用。编写 Windows 应用程序，程序的设计界面如图 2-13 所示，程序的运行界面如图 2-14 所示。

图 2-13　例 2-7 程序设计界面

图 2-14　例 2-7 程序运行界面

【操作】

(1) 新建项目 vcs2_7，在 Form1 窗体上添加 3 个 Label 控件、3 个 TextBox 控件和 1 个 Button 控件。

(2) 设置属性。窗体与控件的属性如表 2-13 所示。

表 2-13　窗体与控件的属性

对象默认名称	属　性	属　性　值
Form1	Text	运算符的应用
Label1	Text	请输入整数 a
Label2	Text	请输入整数 b
Label3	Text	＋＋a＋b＋＋的值是
Button1	Text	计算

（3）编写程序代码。双击 Button1 控件，编写如下程序代码。

```
private void button1_Click(object sender, EventArgs e)
{
    int a,b,c;
    a = Convert.ToInt16(textBox1.Text);
    b = Convert.ToInt16(textBox2.Text);
    c = ++a + b++;
    textBox3.Text = Convert.ToString(c);
}
```

任务 2.4 控制语句的认知

2.4.1 选择语句

选择语句是根据一个控制表达式的值，从两组或多组可能被执行的语句选择出要执行的语句。选择语句包括两种语句：if 语句和 switch 语句。

1. if…else 语句

if…else 语句根据判断表达式的值来选择执行语句。if…else 语句的语法形式如下：

if(表达式)
    语句 1
else
    语句 2

若表达式的值为真，则执行语句 1；若表达式的值为假，则执行语句 2。语句 1 和语句 2 既可以是一条语句，也可以是大括号括起来的复合语句，else 子句也可不存在。语句 1 和语句 2 也可嵌套 if 语句，在嵌套语句中，else 总是与离它最近的 if 配对。

【例 2-8】 if…else 语句的应用。编写 Windows 应用程序，程序的设计界面如图 2-15 所示，程序的运行界面如图 2-16 所示。

图 2-15 例 2-8 程序设计界面

图 2-16 例 2-8 程序运行界面

【操作】

（1）新建项目 vcs2_8，在 Form1 窗体上添加两个 Label 控件、两个 TextBox 控件和 1 个 Button 控件。

(2) 设置属性。窗体与控件的属性如表 2-14 所示。

表 2-14 窗体与控件的属性

对象默认名称	属 性	属 性 值
Form1	Text	if…else 语句的应用
Label1	Text	请输入整数
Label2	Text	你输入的整数是
Button1	Text	判断

(3) 编写程序代码。双击 Button1 控件,编写如下程序代码。

```
private void button1_Click(object sender, EventArgs e)
{
    int a;
    a = Convert.ToInt16(textBox1.Text);
    if(a % 2 == 0)
        textBox2.Text = "偶数";
    else
        textBox2.Text = "奇数";
}
```

2. switch 语句

switch 语句是多选择控制结构。如果把一个变量表达式与多个不同的值进行比较,然后根据不同的比较结果执行不同的程序段,一般使用 switch 语句。switch 语句的形式如下:

```
switch(表达式)
{
    case 表达式 1:语句 1;
    case 表达式 2:语句 2;
    …
    case 表达式 n:语句 n;
    default:语句 n + 1;
}
```

程序执行时,先计算 switch 语句括号内的表达式的值,再用此值与各 case 语句中的常量表达式比较,当遇到与表达式值相等的常量所对应的 case 语句时,执行该 case 语句后的语句,当执行到 break 语句时将跳出 switch 语句执行 switch 语句后的语句,如无 break 语句,将继续执行以后每一个 case 后的语句。如果没有找到相等的常量表达式,则从"default:"开始执行。当多个 case 语句后的语句相同时,可以将多个 case 分支共用一组语句。

【例 2-9】 switch 语句的应用。编写 Windows 应用程序,程序的设计界面如图 2-17 所示,程序的运行界面如图 2-18 所示。

【操作】

(1) 新建项目 vcs2_9,在 Form1 窗体上添加 4 个 Label 控件、4 个 TextBox 控件和 1 个 Button 控件。

(2) 设置属性。窗体与控件的属性如表 2-15 所示。

图 2-17　例 2-9 程序设计界面　　　　图 2-18　例 2-9 程序运行界面

表 2-15　窗体与控件的属性

对象默认名称	属　性	属　性　值
Form1	Text	四则运算
Label1	Text	请输入第一个数
Label2	Text	请输入第二个数
Label3	Text	请输入运算符
Label4	Text	计算结果
Button1	Text	计算

（3）编写程序代码。双击 Button1 控件，编写如下程序代码。

```
private void button1_Click(object sender, EventArgs e)
{
    double a,b;
    string t;
    a = Convert.ToSingle(textBox1.Text);
    b = Convert.ToSingle(textBox2.Text);
    t = textBox3.Text;
    switch (t)
    {
        case "+": textBox4.Text = textBox1.Text + "+" + textBox2.Text + "=" +
            Convert.ToString(a + b); break;
        case "-": textBox4.Text = textBox1.Text + "-" + textBox2.Text + "=" +
            Convert.ToString(a - b); break;
        case "*": textBox4.Text = textBox1.Text + "*" + textBox2.Text + "=" +
            Convert.ToString(a * b); break;
        case "/": textBox4.Text = textBox1.Text + "/" + textBox2.Text + "=" +
            Convert.ToString(a/b); break;
    }
}
```

2.4.2 循环语句

C♯提供了4种循环语句while、do…while、for和foreach语句。

1. while 语句

while 语句的语法形式如下：

while(条件表达式)语句

程序执行时,先判断条件表达式,当值为真时,执行语句,再判断条件表达式,值为真时再执行语句,如此重复执行;直到条件表达式的值为假时,退出循环。

【例 2-10】 计算 $1+2+3+\cdots+n$。编写 Windows 应用程序,程序的设计界面如图 2-19 所示,程序的运行界面如图 2-20 所示。

图 2-19 例 2-10 程序设计界面

图 2-20 例 2-10 程序运行界面

【操作】

(1) 新建项目 vcs2_10,在 Form1 窗体上添加两个 Label 控件、两个 TextBox 控件和 1 个 Button 控件。

(2) 设置属性。窗体与控件的属性如表 2-16 所示。

表 2-16 窗体与控件的属性

对象默认名称	属 性	属 性 值
Form1	Text	计算 $1+2+3+\cdots+n$
Label1	Text	请输入一个整数 n
Label2	Text	$1+2+3+\cdots+n$ 的值为
Button1	Text	计算

(3) 编写程序代码。双击 Button1 控件,编写如下程序代码。

```
private void button1_Click(object sender, EventArgs e)
{
    int n, sum = 0, i = 1;
    n = Convert.ToInt16(textBox1.Text);
    while (i <= n)
    {
        sum += i;
```

```
        i++;
    }
    textBox2.Text = Convert.ToString(sum);
}
```

2. do…while 语句

do…while 语句的语法形式如下：

do 语句 while(条件表达式);

程序执行时，先执行语句，然后判断条件表达式，条件表达式值为真时，再执行语句，执行完后再判断条件表达式，如此重复执行，直到条件表达式的值为假时，退出循环。

由于条件表达式的判断发生在语句执行之后，因此 do…while 的语句至少执行一次，第一次执行与条件表达式的值无关。

【例 2-11】 计算 $1+3+5+\cdots+(2n-1)$。编写 Windows 应用程序，程序的设计界面如图 2-21 所示，程序的运行界面如图 2-22 所示。

图 2-21 例 2-11 程序设计界面

图 2-22 例 2-11 程序运行界面

【操作】

(1) 新建项目 vcs2_11，在 Form1 窗体上添加两个 Label 控件、两个 TextBox 控件和 1 个 Button 控件。

(2) 设置属性。窗体与控件的属性如表 2-17 所示。

表 2-17 窗体与控件的属性

对象默认名称	属 性	属 性 值
Form1	Text	计算 $1+2+5+\cdots+(2n-1)$
Label1	Text	请输入一个整数 n
Label2	Text	$1+2+5+\cdots+(2n-1)$的值为
Button1	Text	计算

(3) 编写程序代码。双击 Button1 控件，编写如下程序代码。

```
private void button1_Click(object sender, EventArgs e)
{
    int n, sum = 0, i = 1;
    n = Convert.ToInt16(textBox1.Text);
    do
```

```
    {
        sum += i;
        i += 2;
    } while (i <= 2 * n - 1);
    textBox2.Text = Convert.ToString(sum);
}
```

3. for 循环

for 循环语句的语法形式如下:

for(表达式 1;表达式 2;表达式 3)
    语句

for 语句开始执行时,先计算表达式 1 的值,再计算表达式 2 的值,如果表达式 2 的值为真,则执行一次循环体,如果表达式 2 的值为假,则退出循环。每执行一次循环体后,计算表达式 3 的值,然后再计算表达式 2 的值,根据表达式 2 的值决定是否进入下次循环,如此反复,直到表达式 2 的值为假时退出循环。

for 语句的 3 个表达式的任何一个都可以省略,但分号不能省略。可以只在 for 语句后的括号中写入两个分号,而没有一个表达式,但这样的循环语句将会是一个"无限循环",必须在它的语句中有跳出 for 循环的转移语句才能跳出这个循环。

【例 2-12】 计算 $2+4+\cdots+2n$。编写 Windows 应用程序,程序的设计界面如图 2-23 所示,程序的运行界面如图 2-24 所示。

图 2-23 例 2-12 程序设计界面

图 2-24 例 2-12 程序运行界面

【操作】

(1) 新建项目 vcs2_12,在 Form1 窗体上添加两个 Label 控件、两个 TextBox 控件和 1 个 Button 控件。

(2) 设置属性。窗体与控件的属性如表 2-18 所示。

表 2-18 窗体与控件的属性

对象默认名称	属 性	属 性 值
Form1	Text	计算 $2+4+\cdots+2*n$
Label1	Text	请输入一个整数 n
Label2	Text	$2+4+\cdots+2*n$ 的值为
Button1	Text	计算

（3）编写程序代码。双击 Button1 控件，编写如下程序代码。

```
private void button1_Click(object sender, EventArgs e)
{
    int n, sum = 0;
    n = Convert.ToInt16(textBox1.Text);
    for(int i = 1; i <= n; i++)
    {
        sum += 2 * i;
    }
    textBox2.Text = Convert.ToString(sum);
}
```

4. foreach 语句

foreach 语句的形式如下：

foreach(类型名 变量名 in 数组或集合)语句

foreach 语句用于对数组或集合中的每个元素重复执行语句。

【例 2-13】 求平均身高。编写 Windows 应用程序，程序的设计界面如图 2-25 所示，程序的运行界面如图 2-26 所示。

图 2-25 例 2-13 程序设计界面　　　　图 2-26 例 2-13 程序运行界面

【操作】

（1）新建项目 vcs2_13，在 Form1 窗体上添加 3 个 Label 控件、3 个 TextBox 控件和 1 个 Button 控件。

（2）设置属性。窗体与控件的属性如表 2-19 所示。

表 2-19　窗体与控件的属性

对象默认名称	属 性	属 性 值
Form1	Text	求平均身高
Label1	Text	请输入人数(100 以内)
Label2	Text	请输入第 1 个人的身高
Label3	Text	平均身高为
Button1	Text	确定

(3) 编写程序代码。双击 Button1 控件，编写如下程序代码。

```
int i = 1,n;
double[ ] A = new double[100];                       //数组元素的默认值为 0
private void button1_Click(object sender, EventArgs e)
{
    n = Convert.ToInt16(textBox1.Text);
    A[i - 1] = Convert.ToSingle(textBox2.Text);
    label2.Text = "请输入第" + (i + 1) + "个人的身高";
    textBox2.Text = "";
    i++;
    if (i == n + 1)
    {
        MessageBox.Show("共" + n + "人","求平均身高 ",MessageBoxButtons.OK,
            MessageBoxIcon.Information);              //消息对话框
        double s = 0;
        foreach (double h in A)
        {s += h;}
        textBox3.Text = Convert.ToString(s/n);
        label2.Text = "请输入第 1 个人的身高";
        i = 1;
    }
}
```

2.4.3 跳转语句

1. break 语句

break 语句的作用是跳出包含它的 switch、while、do…while、for 或 foreach 语句。如果 break 在嵌套的循环内，其作用是跳出它所在的那一层循环。

【例 2-14】 计算 $2+4+\cdots+2n$。编写 Windows 应用程序，程序的设计界面如图 2-27 所示，程序的运行界面如图 2-28 所示。

图 2-27 例 2-14 程序设计界面

图 2-28 例 2-14 程序运行界面

【操作】

(1) 新建项目 vcs2_14，在 Form1 窗体上添加两个 Label 控件、两个 TextBox 控件和

1个Button控件。

（2）设置属性。窗体与控件的属性如表2-20所示。

表2-20　窗体与控件的属性

对象默认名称	属　　性	属　性　值
Form1	Text	计算2＋4＋…＋2*n
Label1	Text	请输入一个整数n
Label2	Text	2＋4＋…＋2*n的值为
Button1	Text	计算

（3）编写程序代码。双击Button1控件，编写如下程序代码。

```
private void button1_Click(object sender, EventArgs e)
{
    int n, sum = 0 ;
    n = Convert.ToInt16(textBox1.Text);
    int i = 2;
    while(true)
    {
        sum += i;
        i += 2;
        if(i > 2 * n)break;
    }
    textBox2.Text = Convert.ToString(sum);
}
```

2. continue 语句

continue 语句用于结束本次循环，继续下一次循环，但不是直接退出循环。

【例 2-15】 输出 10 以内自然数的平方，每行显示 5 个。编写 Windows 应用程序，程序的设计界面如图 2-29 所示，程序的运行界面如图 2-30 所示。

图 2-29　例 2-15 程序设计界面

图 2-30　例 2-15 程序运行界面

【操作】

（1）新建项目 vcs2_15，在 Form1 窗体上添加 1 个 Label 控件和 1 个 Button 控件。

（2）设置属性。窗体与控件的属性如表 2-21 所示。

表 2-21　窗体与控件的属性

对象默认名称	属　　性	属　性　值
Form1	Text	10 以内自然数的平方
Button1	Text	显示

(3) 编写程序代码。双击 Button1 控件,编写如下程序代码。

```
private void button1_Click(object sender, EventArgs e)
{
    int i = 0;
    string s = "";
    label1.Text = "";
    while (true)
    {
        if (i >= 10) break;
        i++;
        label1.Text += s + i * i + " ";
        if (i % 5!= 0) continue;
        label1.Text += s + "\n";
    }
}
```

任务 2.5　异常处理的认知

C#提供了异常处理机制,处理在程序执行期间可能出现的异常情况。在程序执行过程中,某种操作不能正常结束,异常条件会引发异常。例如,非法类型转换引发 Invalid CastException 异常,整数除法当分母为零时引发 DivideByZeroException 异常,运行时产生的所有错误引发 Exception 异常,等等。

1. throw 语句

throw 语句无条件抛出异常。

【例 2-16】 throw 语句的应用。编写 Windows 应用程序,程序的设计界面如图 2-31 所示,程序的运行界面如图 2-32 所示。

图 2-31　例 2-16 程序设计界面

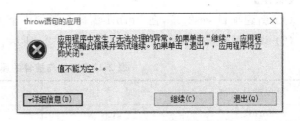

图 2-32　例 2-16 程序运行界面

【操作】

（1）新建项目 vcs2_16，在 Form1 窗体上添加 1 个 Label 控件和 1 个 Button 控件。

（2）设置属性。窗体与控件的属性如表 2-22 所示。

表 2-22　窗体与控件的属性

对象默认名称	属　　性	属　性　值
Form1	Text	throw 语句的应用
Button1	Text	显示

（3）编写程序代码。双击 Button1 控件，编写如下程序代码。

```
private void button1_Click(object sender, EventArgs e)
{
    string a = null;
    if (a == null)
    throw (new ArgumentNullException());
    label1.Text = "程序不执行此句";
}
```

2. try…catch 语句

try 子句后面可以跟一个或者多个 catch 子句。如果执行 try 子句中的语句发生了异常，那么程序顺序查找第一个能处理该异常的 catch 子句，并将程序控制转移到 catch 子句执行。

【例 2-17】　try…catch 语句的应用。编写 Windows 应用程序，程序的设计界面如图 2-33 所示，程序的运行界面如图 2-34 所示。

图 2-33　例 2-17 程序设计界面

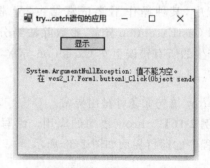

图 2-34　例 2-17 程序运行界面

【操作】

（1）新建项目 vcs2_17，在 Form1 窗体上添加 1 个 Label 控件和 1 个 Button 控件。

（2）设置属性。窗体与控件的属性如表 2-23 所示。

表 2-23　窗体与控件的属性

对象默认名称	属　　性	属　性　值
Form1	Text	try…catch 语句的应用
Button1	Text	显示

(3)编写程序代码。双击 Button1 控件,编写如下程序代码。

```
private void button1_Click(object sender, EventArgs e)
{
    try
    {
        string a = null;
        if (a == null)
            throw new ArgumentNullException();
    }
    catch (ArgumentNullException E)
    {
        label1.Text = E.ToString();
    }
}
```

3. try...catch...finally 语句

try...catch...finally 语句中 try 子句后面跟一个或多个 catch 子句及一个 finally 子句。如果执行 try 子句中的语句发生了异常,那么程序顺序查找第一个能处理该异常的 catch 子句,并转移到 catch 子句执行,不管 try 子句是如何退出的,程序总要执行 finally 子句。

【例 2-18】 try...catch...finally 语句的应用。编写 Windows 应用程序,程序的设计界面如图 2-35 所示,程序的运行界面如图 2-36 和图 2-37 所示。

图 2-35 例 2-18 程序设计界面

图 2-36 例 2-18 程序运行界面(1)

图 2-37 例 2-18 程序运行界面(2)

【操作】
(1)新建项目 vcs2_18,在 Form1 窗体上添加 1 个 Label 控件和 1 个 Button 控件。
(2)设置属性。窗体与控件的属性如表 2-24 所示。

表 2-24 窗体与控件的属性

对象默认名称	属 性	属 性 值
Form1	Text	try...catch...finally 语句的应用
Button1	Text	显示

(3) 编写程序代码。双击 Button1 控件，编写如下程序代码。

```
private void button1_Click(object sender, EventArgs e)
{
    try
    {
        throw(new ArgumentNullException());
    }
    catch(ArgumentNullException E)
    {
        MessageBox.Show(E.ToString());
    }
    finally
    {
        label1.Text = "执行 finally 子句";
    }
}
```

任务 2.6　类的认知

C♯是面向对象的程序设计语言，在面向对象的语言中，类是一个重要概念。类是一个数据类型，它包含数据成员及处理这些数据的函数成员。类类型的实例是对象，在对象中，只有属于该对象的函数成员才可访问该对象的数据成员。

1．类的声明

类声明的形式如下：

```
[类修饰符] class 类名[：基类名]
{
    数据成员
    函数成员
}
```

类修饰符包括 new、public、protected、internal、private、abstract、sealed。其中，public 是允许的最高访问级别，对于 public 成员，访问不受限制；protected 访问仅限于包含类或从该类派生的类型；private 是允许的最低访问级别，只有在所在的类中才可访问。

2．类的成员

类的成员由类成员声明中引入的成员和从直接基类中继承的成员组成。类成员分为数据成员（常数和字段）、函数成员（方法、属性、事件、索引器、操作符、构造函数和析构函数）。

根据类成员的可访问性，可以把类成员分为四类，分别是公有成员、私有成员、保护成员和内部成员。公有成员提供了类的外部接口，从类的外部可访问公有成员。私有成员仅限于类的成员可以访问，不能从类的外部访问私有成员，类的声明中没有出现成员的访问修饰符则默认为私有的。保护成员不允许外部对成员的访问，但允许其派生类对成员进行访问。

类的成员又可分为静态成员和非静态成员，静态成员属于类所有，非静态成员属于类的实例所有。

3. 对象的声明

类定义后,可以声明类的对象,创建类的对象使用 new 关键字,对象的声明形式如下:

类名 对象名 = new 类名([参数]);

new 关键字表明调用构造函数来完成对象的初始化工作,如果有参数则将参数传递给构造函数。

4. 构造函数

构造函数是为对象进行初始化的函数成员,在创建类的对象时,构造函数自动被系统调用。C#中类的构造函数有以下特点。

(1) 构造函数不声明返回类型。
(2) 构造函数的函数名和类名相同。
(3) 当用户没有定义构造函数时,系统将自动为其创建一个默认构造函数。
(4) 构造函数可以带参数,也可以不带参数。
(5) 构造函数一般是 public 类型的。

5. 析构函数

析构函数是在撤销类的对象时调用的函数成员,析构函数用来释放创建类的对象时所占有的资源。C#中类的析构函数有以下特点。

(1) 析构函数名与类名相同,只是前面加一个符号"~"。
(2) 析构函数不带参数,而且不能被显式调用。
(3) 析构函数不能被重载。
(4) 一个类只有一个析构函数。
(5) 析构函数在对象撤销时自动调用。

6. 类的方法

方法是类中执行操作的成员,可以通过类或对象来访问。方法的声明形式如下:

[方法修饰符] 返回值类型 方法名([形参列表])
{
    方法体
}

方法修饰符主要有 new、public、protected、internal、private、static、virtual、sealed、override、abstract、extern。

修饰符为 static 的方法是静态方法,静态方法属于类所有,只能访问类中的静态成员。没有修饰符 static 的方法是非静态方法,非静态方法属于对象所有,可以访问类中任意成员。方法的形参列表可有可无,每个形参由修饰符(可选)、类型和标识符组成,形参之间用逗号分开,其中只有最后一个参数才可以是数组参数。

7. 属性

属性提供了一种对类或对象特性进行访问的机制。属性不允许直接操作类的数据,通过访问器进行访问,它提供了只读、只写、读写 3 种接口操作。属性的声明形式如下:

[属性修饰符] 类型说明符 属性名 {访问声明}

属性修饰符主要有 new、public、protected、internal、private、static、virtual、override、abstract。

访问声明用于声明访问器。访问器包括 set 和 get 访问器,set 访问器用于设置属性的值,用 value 来设置属性的值,如果只有 set 访问器,表示是只写属性；get 访问器通过 return 获取属性的值,如果只有 get 访问器,表示是只读属性。

【例 2-19】 类的应用。编写 Windows 应用程序,程序的设计界面如图 2-38 所示,程序的运行界面如图 2-39 和图 2-40 所示。

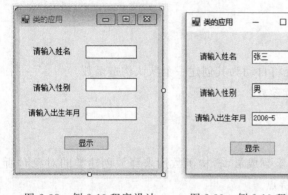

图 2-38　例 2-19 程序设计界面　　图 2-39　例 2-19 程序运行界面(1)　　图 2-40　例 2-19 程序运行界面(2)

【操作】

(1) 新建项目 vcs2_19,在 Form1 窗体上添加 3 个 Label 控件、3 个 TextBox 控件和 1 个 Button 控件。

(2) 设置属性。窗体与控件的属性如表 2-25 所示。

表 2-25　窗体与控件的属性

对象默认名称	属　性	属　性　值
Form1	Text	类的应用
Label1	Text	请输入姓名
Label2	Text	请输入性别
Label3	Text	请输入出生年月
Button1	Text	显示

(3) 编写程序代码。

```
class R
{
    string xm;
    string xb;
    string csny;
    public R(string a, string b, string c)
    {
```

```
        xm = a;
        xb = b;
        csny = c;
    }
    ~R()
    { }
    public void f()
    {
        MessageBox.Show("姓名:" + xm + " 性别:" + xb + " 出生年月:" + csny, "类的应用",
            MessageBoxButtons.OK, MessageBoxIcon.Information);
    }
}
//双击 button1 控件,编写程序代码
private void button1_Click(object sender, EventArgs e)
{
    string x,y,z;
    x = textBox1.Text;
    y = textBox2.Text;
    z = textBox3.Text;
    R r = new R(x, y, z);
    r.f();
}
```

任务 2.7　继承与多态的认知

2.7.1　类的继承

继承性是面向对象程序设计语言的一个重要特性。C♯支持单继承,类的继承形式如下:

```
class 派生类类名: 基类类名
{
    数据成员
    函数成员
}
```

若类 B 继承类 A,则称 B 是 A 的派生类,A 是 B 的基类。继承具有下列特点。

(1) 构造函数和析构函数不能被继承,其他成员可以被继承。

(2) 继承具有传递性。

(3) 派生类可以增加新的成员,但不能删除已继承的成员。

(4) 派生类可以通过声明同名新成员来隐藏继承的成员,所继承的那个同名成员不能被访问。

【例 2-20】 继承的应用。编写 Windows 应用程序,程序的设计界面如图 2-41 所示,程序的运行界面如图 2-42 和图 2-43 所示。

【操作】

(1) 新建项目 vcs2_20,在 Form1 窗体上添加 1 个 Button 控件。

(2) 设置属性。窗体与控件的属性如表 2-26 所示。

图 2-41　例 2-20 程序设计界面

图 2-42　例 2-20 程序运行界面(1)

图 2-43　例 2-20 程序运行界面(2)

表 2-26　窗体与控件的属性

对象默认名称	属　性	属　性　值
Form1	Text	继承的应用
Button1	Text	显示

(3) 编写程序代码。

```
class A
{
    public void f1()
    {
        MessageBox.Show("f1 被调用", "继承的应用", MessageBoxButtons.OK,
            MessageBoxIcon.Information);
    }
}
class B:A
{
    public void f2()
    {
        MessageBox.Show("f2 被调用", "继承的应用", MessageBoxButtons.OK,
            MessageBoxIcon.Information);
    }
}
//双击 button1 控件,编写程序代码
private void button1_Click(object sender, EventArgs e)
{
    B t = new B();
    t.f1();
    t.f2();
}
```

2.7.2　多态性

多态性是面向对象程序设计语言的另外一个重要特性。多态性是指同一操作作用于不同的类的实例,不同的类将进行不同的解释,从而产生不同的执行结果。C♯支持两种多态性:编译时的多态性和运行时的多态性。

编译时的多态性是通过方法和运算符的重载来实现的,方法的重载要求参数类型不同或参数个数不同。运行时的多态性是在派生类中通过重写从基类继承的虚成员和抽象成员来实现的,系统在编译时并不确定选用哪个重载方法,程序运行时,根据实际情况决定采用哪个重载方法。虚方法重载时要求方法名称、参数类型、参数个数、参数顺序及方法返回值都必须与基类中的虚方法相同,在派生类中重载虚方法时,要在方法名前加上override修饰符。

【例2-21】 多态性的应用。编写Windows应用程序,程序的设计界面如图2-44所示,程序的运行界面如图2-45所示,计算时,先输入两个操作数,再单击运算符按钮。

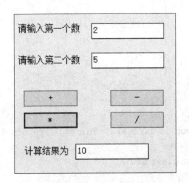

图2-44 例2-21程序设计界面　　图2-45 例2-21程序运行界面

【操作】

(1) 新建项目vcs2_21,在Form1窗体上添加3个Label控件、3个TextBox控件和4个Button控件。

(2) 设置属性。窗体与控件的属性如表2-27所示。

表2-27 窗体与控件的属性

对象默认名称	属　　性	属 性 值
Form1	Text	简单计算器
Label1	Text	请输入第一个数
Label2	Text	请输入第二个数
Label3	Text	计算结果为
Button1	Text	＋
Button2	Text	－
Button3	Text	＊
Button4	Text	／

(3) 建立类文件。选择"项目"→"添加"命令,弹出"添加新项"对话框,单击"添加"按钮,添加Class1.cs类文件。在Class1.cs类文件中编写如下程序代码。

```
public class A
{
    private double x, y;
    public double a
    {
        get
        {
```

```csharp
                return x;
            }
            set
            {
                x = value;
            }
        }
        public double b
        {
            get
            {
                return y;
            }
            set
            {
                y = value;
            }
        }
        public virtual double f() { return a + b; }
    }
    public class add:A
    {
        public override double f()
        {
            return a + b;
        }
    }
    public class sub:A
    {
        public override double f()
        {
            return a - b;
        }
    }
    public class mul:A
    {
        public override double f()
        {
            return a * b;
        }
    }
    public class div:A
    {
        public override double f()
        {
            return a/b;
        }
    }
```

(4) 编写程序代码。

```csharp
A     t = new A();
add   Aadd = new add();
```

```
    sub    Asub = new sub();
    mul    Amul = new mul();
    div    Adiv = new div();
    private void Form1_Load(object sender, EventArgs e)
    {
        t = Aadd;
    }
    private void g()
    {
        t.a = Convert.ToSingle(textBox1.Text);
        t.b = Convert.ToSingle(textBox2.Text);
        textBox3.Text = t.f().ToString();
    }
    //双击 button1 控件,编写程序代码
    private void button1_Click(object sender, EventArgs e)
    {
        t = Aadd;
        g();
    }
    //双击 button2 控件,编写程序代码
    private void button2_Click(object sender, EventArgs e)
    {
        t = Asub;
        g();
    }
    //双击 button3 控件,编写程序代码
    private void button3_Click(object sender, EventArgs e)
    {
        t = Amul;
        g();
    }
    //双击 button1 控件,编写程序代码
    private void button4_Click(object sender, EventArgs e)
    {
        t = Adiv;
        g();
    }
```

基类对象指向派生类的对象,当调用普通方法时,总是调用基类的方法;当调用虚方法时,则调用派生类的方法。

项目拓展实训

一、实训目的

1. 了解C#语言的基本概念。
2. 掌握TextBox、Button控件的应用。
3. 掌握C#语言的基本应用。
4. 掌握C#面向对象的程序设计方法。

二、实训内容

1. 见任务 2.2 例 2-5。
2. 见任务 2.2 例 2-6。
3. 见任务 2.3 例 2-7。
4. 见任务 2.4 例 2-8。
5. 见任务 2.4 例 2-9。
6. 见任务 2.4 例 2-10。
7. 见任务 2.4 例 2-13。
8. 计算评委打分平均成绩。7个评委打分，去掉一个最高分，去掉一个最低分，求最后得分。编写 Windows 应用程序，程序的设计界面如图 2-46 所示，程序的运行界面如图 2-47 所示。

图 2-46　程序设计界面　　　　　图 2-47　程序运行界面

9. 见任务 2.5 例 2-18。
10. 见任务 2.6 例 2-19。
11. 见任务 2.7 例 2-21。
12. 设计一个虚方法，求圆、圆内接正方形和圆外切正方形的面积。编写 Windows 应用程序，程序的设计界面如图 2-48 所示，程序的运行界面如图 2-49 所示。

图 2-48　程序设计界面　　　　　图 2-49　程序运行界面

三、实训步骤

1. 见任务 2.2 例 2-5。
2. 见任务 2.2 例 2-6。
3. 见任务 2.3 例 2-7。
4. 见任务 2.4 例 2-8。
5. 见任务 2.4 例 2-9。
6. 见任务 2.4 例 2-10。
7. 见任务 2.4 例 2-13。
8. 计算评委打分平均成绩。7 个评委打分，去掉一个最高分，去掉一个最低分，求最后得分。编写 Windows 应用程序，程序的设计界面如图 2-46 所示，程序的运行界面如图 2-47 所示。

【操作】

（1）新建项目 sy2_8，在 Form1 窗体上建立 10 个 Label 控件、10 个 TextBox1 控件和 1 个 Button 控件。

（2）设置属性。窗体与控件的属性如表 2-28 所示。

表 2-28 窗体与控件的属性

对象默认名称	属 性	属 性 值
Form1	Text	评委打分平均成绩
Label1	Text	评委 1
Label2	Text	评委 2
Label3	Text	评委 3
Label4	Text	评委 4
Label5	Text	评委 5
Label6	Text	评委 6
Label7	Text	评委 7
Label8	Text	去掉一个最高分
Label9	Text	去掉一个最低分
Label10	Text	最后得分
Button1	Text	计算

（3）编写程序代码。双击 Button1 控件，编写如下程序代码。

```
private void button1_Click(object sender, EventArgs e)
{
    int n = 7;
    int i;
    double[ ] A = new double[n];
    double M,m,sum;
    A[0] = Convert.ToSingle(textBox1.Text);
    A[1] = Convert.ToSingle(textBox2.Text);
    A[2] = Convert.ToSingle(textBox3.Text);
    A[3] = Convert.ToSingle(textBox4.Text);
```

```
        A[4] = Convert.ToSingle(textBox5.Text);
        A[5] = Convert.ToSingle(textBox6.Text);
        A[6] = Convert.ToSingle(textBox7.Text);
        M = m = A[0];
        sum = A[0];
        for (i = 1; i < n; i++)
        {
            if (M < A[i]) M = A[i];
            if (m > A[i]) m = A[i];
            sum = sum + A[i];
        }
        sum = (sum - M - m) / (n - 2);
        textBox8.Text = Convert.ToString(M);
        textBox9.Text = Convert.ToString(m);
        textBox10.Text = Convert.ToString(sum);
    }
```

9. 见任务 2.5 例 2-18。

10. 见任务 2.6 例 2-19。

11. 见任务 2.7 例 2-21。

12. 设计一个虚方法,求圆、圆内接正方形和圆外切正方形的面积。编写 Windows 应用程序,程序的设计界面如图 2-48 所示,程序的运行界面如图 2-49 所示。

【操作】

(1) 新建项目所有 sy2_12,在 Form1 窗体上添加 4 个 Label 控件、4 个 TextBox1 控件和 1 个 Button 控件。

(2) 设置属性。窗体与控件的属性如表 2-29 所示。

表 2-29 窗体与控件的属性

对象默认名称	属 性	属 性 值
Form1	Text	求面积
Label1	Text	请输入半径
Label2	Text	圆面积
Label3	Text	圆内接正方形面积
Label4	Text	圆外切正方形面积
Button1	Text	计算

(3) 建立类文件。选择"项目"→"添加"命令,弹出"添加新项"对话框,单击"添加"按钮,添加 Class1.cs 类文件。在 Class1.cs 类文件中编写如下程序代码。

```
public class shape
{
    protected double r;
    public double a
    {
        get
        {
            return r;
```

```
            }
            set
            {
                r = value;
            }
        }
        public virtual double area() {return 0.0;}
}
public class circle : shape
{
        public override double area() {return Math.PI * r * r;}
}
public class ins : shape
{
        public override double area() {return 2 * r * r;}
}
public class exs : shape
{
        public override double area() {return 4 * r * r;}
}
```

(4)编写程序代码。

```
shape t = new shape();
circle c = new circle();
ins i = new ins();
exs s = new exs();
private void button1_Click(object sender, EventArgs e)
{
    t = c;
    t.a = Convert.ToSingle(textBox1.Text);
    textBox2.Text = t.area().ToString();
    t = i;
    t.a = Convert.ToSingle(textBox1.Text);
    textBox3.Text = t.area().ToString();
    t = s;
    t.a = Convert.ToSingle(textBox1.Text);
    textBox4.Text = t.area().ToString();
}
```

习题

一、选择题

1. 要使文本框控件显示多行,应设置的属性是( )。
   A. ReadOnly   B. MultiLine
   C. PasswordChar   D. Enabled

2. 在C#语言中,下列不能作为变量名的是(   )。
  A. _3b   B. _int   C. ab_   D. int
3. 在C#语言中,下列运算符优先级最高的是(   )。
  A. ++   B. *   C. <=   D. !=
4. 在C#语言中,下列的数组定义语句,不正确的是(   )。
  A. int []a=new int[3];   B. int a []=new int[3];
  C. int []a={1,2,3};   D. int []a= new int[]{1,2,3};
5. 关于continue语句,下列叙述正确的是(   )。
  A. 退出for循环   B. 退出while循环
  C. 结束本次循环,继续下一次循环   D. 跳出它所在的那一层循环
6. 关于构造函数,下列叙述不正确的是(   )。
  A. 构造函数可以带参数   B. 构造函数的函数名和类名相同
  C. 构造函数可以不带参数   D. 构造函数声明返回类型

二、填空题

1. C#提供了4种循环语句:_____、_____、_____和_____语句。
2. break语句的作用是跳出包含它的_____、while、do...while、for或foreach语句。
3. try...catch...finally语句中,_____子句一定被执行。

三、编程题

1. 编写Windows应用程序,计算 $1^2+2^2+3^2+\cdots+n^2$。
2. 编写Windows应用程序,求 n 个学生的平均体重。
3. 编写Windows应用程序,设计一个虚方法,求球、圆柱和圆锥的表面积。

项目 3

教师信息管理系统数据库设计

本项目采用 Access 数据库,主要包括教师信息管理系统数据库概要说明的认知、教师信息管理系统数据表结构的认知、教师信息管理系统数据库的创建、教师信息管理系统数据表的创建等内容,这是学习数据库项目开发的基础。

任务 3.1 教师信息管理系统数据库概要说明的认知

教师信息管理系统的数据库(jsglxt)由 7 个表组成,分别是专任教师表(zrjs)、校内兼课教师表(xnjkjs)、校外兼课教师表(xwjkjs)、教师变动表(jsbd)、专任教师授课表(zrjssk)、校内兼课教师授课表(xnjkjssk)、校外兼课教师授课表(xwjkjssk)。

任务 3.2 教师信息管理系统数据表结构的认知

(1) 专任教师表(zrjs)如表 3-1 所示。

表 3-1 专任教师表(zrjs)

字 段	说 明	类 型	字段大小	备 注
jgh	教工号	文本	50	主键
xm	姓名	文本	8	可为空
xb	性别	文本	2	可为空
csny	出生年月	文本	12	可为空
mz	民族	文本	10	可为空
zc	职称	文本	10	可为空
zcsj	职称获取时间	文本	12	可为空
fzdw	发证单位	文本	10	可为空
zzmm	政治面貌	文本	8	可为空
zgxl	最高学历	文本	8	可为空
byxx	毕业学校	文本	18	可为空
bysj	毕业时间	文本	12	可为空

续表

字　段	说　明	类　型	字段大小	备　注
zy	专业	文本	18	可为空
xw	学位	文本	8	可为空
zgsj	工作时间	文本	12	可为空
zyzgzs	职业资格证书	文本	18	可为空
zsfzdw	证书发证单位	文本	18	可为空
zshqsj	证书获取时间	文本	12	可为空
sfss	是否双师	文本	3	可为空
dh	电话	文本	16	可为空
dzyx	电子邮箱	文本	30	可为空
jys	教研室	文本	12	可为空
bm	部门	文本	12	可为空
zp	照片地址	文本	100	可为空

（2）校内兼课教师表（xnjkjs）如表 3-2 所示。

表 3-2　校内兼课教师表（xnjkjs）

字　段	说　明	类　型	字段大小	备　注
jgh	教工号	文本	50	主键
rzbm	任职部门	文本	12	可为空
xm	姓名	文本	8	可为空
xb	性别	文本	2	可为空
csny	出生年月	文本	12	可为空
mz	民族	文本	10	可为空
zc	职称	文本	10	可为空
zcsj	职称获取时间	文本	12	可为空
fzdw	发证单位	文本	12	可为空
zzmm	政治面貌	文本	8	可为空
zgxl	最高学历	文本	8	可为空
byxx	毕业学校	文本	16	可为空
bysj	毕业时间	文本	12	可为空
zy	专业	文本	18	可为空
xw	学位	文本	18	可为空
gzsj	工作时间	文本	12	可为空
gxjszgzdw	高校教师资格证书发证单位	文本	18	可为空
zshqsj	证书获取时间	文本	12	可为空
zw	职务	文本	12	可为空
sfss	是否双师	文本	3	可为空
bm	任教部门	文本	12	可为空
dh	电话	文本	16	可为空
dzyx	电子邮箱	文本	30	可为空
zp	照片地址	文本	100	可为空

(3) 校外兼课教师表(xwjkjs)如表 3-3 所示。

表 3-3 校外兼课教师表(xwjkjs)

字 段	说 明	类 型	字段大小	备 注
prxb	聘任系部	文本	12	可为空
jgh	教工号	文本	20	主键
xm	姓名	文本	8	可为空
xb	性别	文本	2	可为空
csny	出生年月	文本	12	可为空
gzsj	工作时间	文本	12	可为空
mz	民族	文本	10	可为空
zc	职称	文本	10	可为空
zcsj	职称获取时间	文本	12	可为空
fzdw	发证单位	文本	12	可为空
zzmm	政治面貌	文本	8	可为空
zgxl	最高学历	文本	8	可为空
byxx	毕业学校	文本	16	可为空
bysj	毕业时间	文本	12	可为空
zy	专业	文本	18	可为空
xw	学位	文本	18	可为空
zyzgzs	职业资格证书	文本	18	可为空
zsfzdw	证书发证单位	文本	18	可为空
zshqsj	证书获取时间	文本	12	可为空
dqgzdw	当前工作单位	文本	16	可为空
zw	职务	文本	12	可为空
rzsj	任职时间	文本	12	可为空
sfss	是否双师	文本	3	可为空
prsj	聘任时间	文本	12	可为空
ccdd	乘车地点	文本	16	可为空
dh	电话	文本	16	可为空
dzyx	电子邮箱	文本	30	可为空
bxq	本学期	文本	16	可为空
bxqrk	本学期任课	文本	22	可为空
zp	照片地址	文本	100	可为空

(4) 教师变动表(jsbd)如表 3-4 所示。

表 3-4 教师变动表(jsbd)

字 段	说 明	类 型	字段大小	备 注
xm	姓名	文本	8	可为空
xb	性别	文本	2	可为空
csny	出生年月	文本	12	可为空
xl	最高学历	文本	8	可为空
xw	学位	文本	8	可为空

续表

字段	说明	类型	字段大小	备注
zc	职称	文本	10	可为空
gzsj	工作时间	文本	12	可为空
ybm	原部门	文本	12	可为空
bdsj	变动时间	文本	12	可为空
bdqk	变动情况	文本	12	可为空
xdw	现单位	文本	12	可为空
dh	电话	文本	22	可为空

(5) 专任教师授课表(zrjssk)如表 3-5 所示。

表 3-5 专任教师授课表(zrjssk)

字段	说明	类型	字段大小	备注
jgh	教工号	文本	50	不可为空
xm	姓名	文本	8	不可为空
kcmc	课程名称	文本	100	可为空
ks	课时	文本	12	可为空
xq	学期	文本	16	可为空

(6) 校内兼课教师授课表(xnjkjssk)如表 3-6 所示。

表 3-6 校内兼课教师授课表(xnjkjssk)

字段	说明	类型	字段大小	备注
jgh	教工号	文本	50	不可为空
xm	姓名	文本	8	不可为空
kcmc	课程名称	文本	100	可为空
ks	课时	文本	12	可为空
xq	学期	文本	16	可为空

(7) 校外兼课教师授课表(xwjkjssk)如表 3-7 所示。

表 3-7 校外兼课教师授课表(xwjkjssk)

字段	说明	类型	字段大小	备注
jgh	教工号	文本	50	不可为空
xm	姓名	文本	8	不可为空
kcmc	课程名称	文本	100	可为空
ks	课时	文本	12	可为空
xq	学期	文本	16	可为空

任务 3.3 教师信息管理系统数据库的创建

教师信息管理系统数据库(jsglxt)的创建步骤如下。

(1) 选择"开始"→"程序"→Microsoft Office→Microsoft Office Access 2003 命令,启动 Access 2003。

(2)选择"文件"→"新建"命令,在"新建文件"任务窗格中,单击"新建"选项组中的"空数据库"链接,打开"文件新建数据库"对话框,如图 3-1 所示。

图 3-1 "文件新建数据库"对话框

(3)在"文件新建数据库"对话框中,选择数据库文件的保存位置,并在"文件名"文本框中输入数据库名 jsglxt,将在保存位置处建立 jsglxt.mdb 文件,单击"创建"按钮,即新建 jsglxt 数据库,如图 3-2 所示。此时,数据库中没有任何数据库对象。

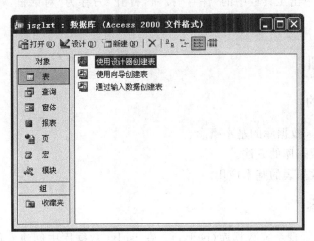

图 3-2 新建的 jsglxt 数据库窗口

任务 3.4 教师信息管理系统数据表的创建

在 jsglxt 数据库中创建 7 个数据表,以下仅以专任教师表(zrjs)的创建为例,其他表的创建类似。

创建专任教师表(zrjs),表结构如表 3-1 所示。

专任教师表(zrjs)的创建步骤如下。

(1)打开空的 jsglxt 数据库窗口,如图 3-2 所示。

（2）在左边的"对象"列表中，选择"表"选项。

（3）在右边的"创建方法和已有对象列表"列表框中双击"使用设计器创建表"，打开表的"设计视图"窗口。

（4）在表的"设计视图"窗口建立数据表的各个字段，如图 3-3 所示。

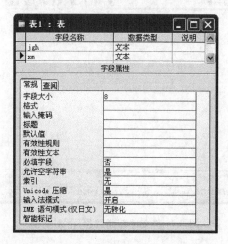

图 3-3　建立数据表的各个字段

（5）定义主键。在 jgh 字段所在的行上右击，在弹出的快捷菜单上选择"主键"命令。

（6）保存表。单击工具栏中的"保存"按钮，打开"另存为"对话框，输入表名 zrjs，单击"确定"按钮。

项目拓展实训

一、实训目的

1. 了解 Access 数据库的基本概念。
2. 掌握创建数据库的方法。
3. 掌握创建数据表的基本应用。

二、实训内容

创建教师信息管理系统数据库(jsglxt)。在 jsglxt 数据库中创建专任教师表(zrjs)、校内兼课教师表(xnjkjs)、校外兼课教师表(xwjkjs)、教师变动表(jsbd)几个数据表，数据表结构如表 3-1～表 3-4 所示。

习题

1. 创建图书管理信息系统数据库(tsgl)。设计图书信息表(tsxx)结构，在 tsgl 数据库中创建图书信息表。

2. 创建人事管理系统数据库(rsgl)。设计职工信息表(zgxx)结构，在 rsgl 数据库中创建职工信息表。

项目 4

教师信息管理系统起始界面设计与实现

本项目主要介绍教师信息管理系统起始界面的设计与实现,学习窗体切换、菜单控件、ToolTip 控件的基本操作和实际应用方法。

任务 4.1 教师信息管理系统起始界面设计

教师信息管理系统起始界面是系统运行的第一个界面,主要实现进入操作界面、用户帮助、用户提示等功能。如图 4-1 所示,选择菜单中的各菜单命令可以进入相应的功能。在起始页面中可以实现 3 项主要功能。

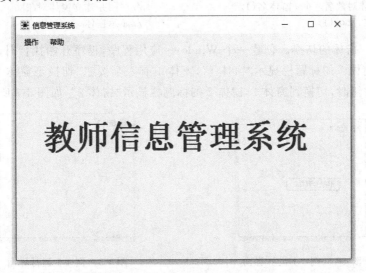

图 4-1 起始界面运行结果

(1)"操作"菜单。选择"操作"→"进入"命令,打开操作界面;选择"操作"→"退出"命令,退出起始界面。

（2）"帮助"菜单。选择"帮助"→"帮助文件"命令，显示帮助信息；选择"帮助"→"关于我们"命令，显示有关信息。

（3）提示信息。当鼠标移动到起始界面菜单下方任何部位不动时，便会出现"单击操作进入系统"提示信息。

任务 4.2　基本操作

4.2.1　窗体切换

窗体的常用方法如下。

（1）Show 方法：该方法的作用是让窗体显示出来，其调用格式为

窗体名.Show();

（2）Hide 方法：该方法的作用是把窗体隐藏起来，其调用格式为

窗体名.Hide();

（3）Refresh 方法：该方法的作用是刷新窗体，其调用格式为

窗体名.Refresh();

（4）Close 方法：该方法的作用是关闭窗体。其调用格式为

窗体名.Close();

窗体切换的代码为

```
this.Hide();                          //将目前窗体隐藏
窗体名 窗体对象名 = new 窗体名();      //声明并建立窗体对象
窗体对象名.Show();                    //显示窗体
```

【例 4-1】　窗体的切换。创建一个 Windows 应用程序，程序开始执行时出现窗体 1，如图 4-2 所示，窗体 1 的标题栏显示"窗体 1"，窗体 1 有一个按钮"切换至窗体 2"，当单击"切换至窗体 2"按钮时，切换到窗体 2，窗体 2 的标题栏显示"窗体 2"，如图 4-3 所示。

图 4-2　例 4-1 设计界面　　　　　图 4-3　例 4-1 运行界面

【操作】

（1）新建项目 vcs4_1，在 Form1 窗体上添加 1 个 Button 控件。

（2）在该项目下新增 Form2 窗体。选择"项目"→"添加 Windows 窗体"命令，打开"添

加新项"窗体，单击"添加"按钮。

（3）设置属性。设置 Form1 窗体的 Text 属性为"窗体 1"，Button1 控件的 Text 属性为"切换至窗体 2"，Form2 窗体的 Text 属性为"窗体 2"。

（4）编写程序代码。在 Form1.cs 中编写如下程序代码：

```
private void button1_Click(object sender, EventArgs e)
{
    this.Hide();                              //将当前窗体隐藏
    Form2 yourForm = new Form2();             //声明并建立 yourForm 为 Form2 的窗体对象
    yourForm.Show();                          //显示 yourForm 窗体
}
```

4.2.2 MenuStrip 控件

MenuStrip 控件是设计 Windows 菜单的重要控件。MenuStrip 控件在工具箱中的图标为 MenuStrip。

MenuStrip 为一个容器控件，该控件可以容纳多种类型的菜单项，可以将 ToolStripMenuItem 对象添加到 MenuStrip 中，这些对象就是实现菜单功能的各种命令，这些 ToolStripMenuItem 对象可以作为应用程序的命令或其他子菜单项的父菜单。

MenuStrip 控件常用成员如表 4-1 所示。

表 4-1 MenuStrip 控件常用成员

成 员	说 明
BackColor 属性	设置或获取控件的背景颜色
BackgroundImage 属性	设置或获取控件的背景图片
Items 属性	设置或获取 MenuStrip 控件中的各菜单项
Text 属性	设置或获取与此控件关联的文本
Click 事件	当单击菜单项时，将触发该事件，该事件内的程序代码就会被执行一次

【例 4-2】 菜单的应用。制作一个简单的"字体"菜单，此菜单包括"宋体""黑体""隶书"3 个子菜单，通过改变各子菜单的设置来改变 Label 控件 Text 属性的字体。设计界面如图 4-4 所示，运行界面如图 4-5 所示。

图 4-4 例 4-2 设计界面

图 4-5 例 4-2 运行界面

【操作】

（1）新建项目 vcs4_2，在 Form1 窗体上添加 1 个 Label 控件。

图 4-6 添加 MenuStrip 控件到窗体上

（2）设置属性。设置 Form1 窗体的 Text 属性为"菜单的应用"，Label1 控件的 Text 属性为"Visual C♯.NET 程序设计"。

（3）选择工具箱中的"菜单和工具栏"工具组，拖放 1 个 MenuStrip 控件到窗体上，如图 4-6 所示。

（4）进入项集合编辑器。选择 MenuStrip 控件的 Items 属性，单击 ... 按钮，打开"项集合编辑器"对话框，如图 4-7 所示。

（5）在"项集合编辑器"对话框中，单击"添加"按钮，在右面的属性列表框中，设置 Name 属性为 zttoolStripMenuItem，Text 属性为"字体"如图 4-8 所示，然后单击"确定"按钮。

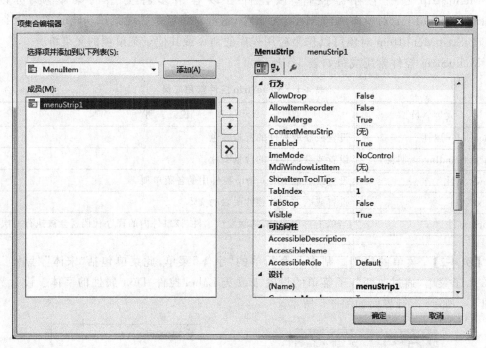

图 4-7 "项集合编辑器"对话框

（6）在"项集合编辑器"对话框中选择 zttoolStripMenuItem 成员，在右面的属性列表框中，选择 DropDownItems 属性，单击 ... 按钮，打开"项集合编辑器（zttoolStripMenuItem. DropDownItems）"对话框，如图 4-9 所示。

（7）在"项集合编辑器（zttoolStripMenuItem. DropDownItems）"对话框中，单击"添加"按钮，在右面的属性列表框中，设置 Name 属性为 sttoolStripMenuItem，Text 属性为"宋体"；再分别单击"添加"按钮，在右面的属性列表框中，分别设置 Name 属性为 httoolStripMenuItem、lstoolStripMenuItem，Text 属性分别为"黑体""隶书"，然后单击"确

项目4 教师信息管理系统起始界面设计与实现

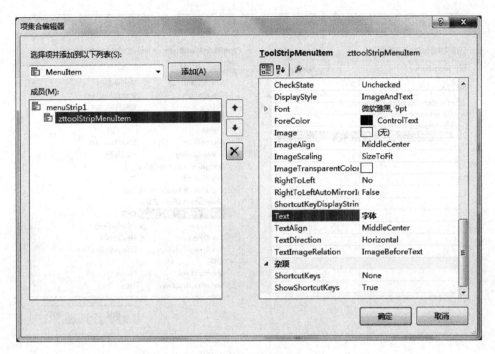

图 4-8 设置属性

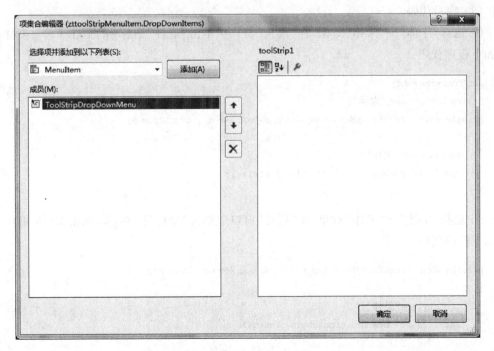

图 4-9 "项集合编辑器(zttoolStripMenuItem.DropDownItems)"对话框

定"按钮,如图 4-10 所示。

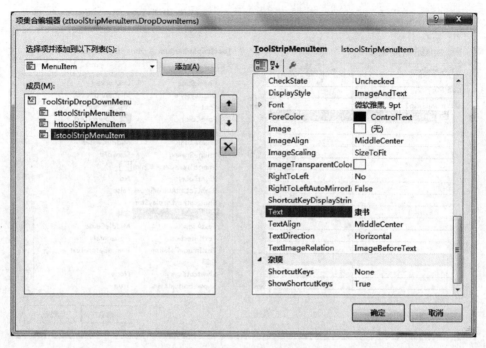

图 4-10 添加"字体"菜单成员

也可以在 MenuStrip 控件中直接输入成员的 Text 属性。

(8) 编写代码。

① 选择"字体"→"宋体"对象,在"属性"窗口中单击"事件"图标 ,双击 Click 事件,编写如下程序代码。

```
int fontsize = 12;
String fontstyle = "宋体";
private void sttoolStripMenuItem_Click(object sender, EventArgs e)
{
    fontstyle = "宋体";
    label1.Font = new Font(fontstyle, fontsize);
}
```

② 选择"字体"→"黑体"对象,在"属性"窗口中单击"事件"图标 ,双击 Click 事件,编写如下程序代码。

```
private void httoolStripMenuItem_Click(object sender, EventArgs e)
{
    fontstyle = "黑体";
    label1.Font = new Font(fontstyle, fontsize);
}
```

③ 选择"字体"→"隶书"对象,在"属性"窗口单击"事件"图标 ,双击 Click 事件,编写如下程序代码。

```
private void lstoolStripMenuItem_Click(object sender, EventArgs e)
{
    fontstyle = "隶书";
    label1.Font = new Font(fontstyle, fontsize);
}
```

4.2.3 ToolTip 控件

ToolTip 表示一个长方形的小弹出窗口,当用户将指针停在某个控件上时,弹出窗口将显示该控件的简短文字说明。ToolTip 控件在工具箱中的图标为 。

当在窗体上放置 ToolTip 控件,该控件默认名称为 toolTip1,除了 toolTip1 本身所拥有的属性外,还自动在窗体上每个控件的"属性"窗口中新增一个"toolTip1 上的 ToolTip"属性,该属性用于存放该控件的 toolTip1 的文字说明。

ToolTip 控件属于非可视化对象,执行时该控件不会显示在窗体上,而是在后台执行。

ToolTip 控件常用成员如表 4-2 所示。

表 4-2 ToolTip 控件常用成员

成员	说明
AutomaicDelay 属性	设置或获取提示的自动延迟。默认值为 500ms
AutoPopDelay 属性	设置或获取当指针在控件上保持静止时,ToolTip 保持可见的时间期限。默认值为 5000ms
IsBalloony 属性	设置或获取工具提示窗口显示之前,指针必须在控件上保持静止的时间期限
ToolTipTitle 属性	设置或获取工具提示窗口的标题
UseAnimation 属性	确定在显示工具提示时是否使用动画效果

【例 4-3】 ToolTip 控件的应用。用 LinkLabel 制作"搜狐网站"文本超级链接,当鼠标移到超链接上时产生 ToolTip,显示网址 www.sohu.com。当单击该 LinkLabel 控件会超级链接至该网站。设计界面如图 4-11 所示,运行界面如图 4-12 所示。

图 4-11 例 4-3 的设计界面

图 4-12 例 4-3 的运行界面

【操作】

(1) 新建项目 vcs4_3,在 Form1 窗体上添加 1 个 LinkLabel 控件、1 个 ToolTip 控件。

(2) 设置 Form1 窗体的 Text 属性为"ToolTip 控件的应用",设置 LinkLabel 控件的 Text 属性为"搜狐","toolTip1 上的 ToolTip"属性为 www.sohu.com。

(3) 编写如下程序代码。

```
private void linkLabel1_LinkClicked(object sender,
            System.Windows.Forms.LinkLabelLinkClickedEventArgs e)
{
    System.Diagnostics.Process.Start("http://www.sohu.com");
}
```

任务4.3 教师信息管理系统起始界面的实现

4.3.1 添加窗体

打开项目一的jsgl项目,添加窗体。

1. 添加操作界面窗体

(1) 打开项目一的jsgl项目。

(2) 选择"项目"→"添加Windows窗体"命令,打开如图4-13所示的"添加新项"对话框。然后在"名称"文本框中输入czjm,单击"添加"按钮,打开操作界面窗体,如图4-14所示。

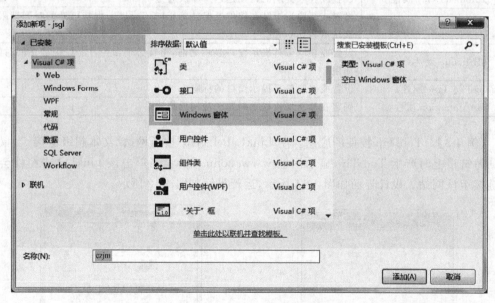

图4-13 "添加新项"对话框

2. 添加使用说明窗体

(1) 打开jsgl项目。

(2) 选择"项目"→"添加Windows窗体"命令,打开"添加新项"对话框,然后在"名称"文本框中输入sysm,单击"添加"按钮,出现使用说明窗体。

(3) 选择工具箱中的"公共控件",拖放一个RichTextBox控件到窗体上,如图4-15所示。

项目4　教师信息管理系统起始界面设计与实现

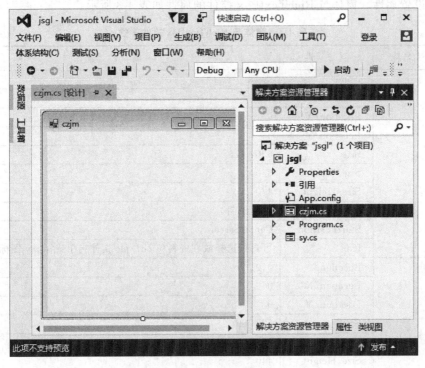

图 4-14　操作界面窗体

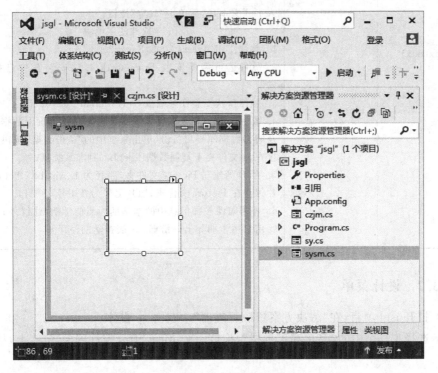

图 4-15　使用说明窗体

（4）设置属性。窗体与 RichTextBox 控件的属性如表 4-3 所示。

表 4-3 窗体与 **RichTextBox** 控件属性

对象默认名称	属　　性	属　性　值
Form1	Name	sysm
	Location	0,0
	Location/X	0
	Location/Y	0
	Size	630,470
	Size/Width	630
	Size/Height	470
	Text	使用说明
	StartPosition	CenterScreen
	Icon	可自行选择或在资料包 ch1/pic 文件夹中选择 my 图标
RichTextBox1	Location	0,0
	Location/X	0
	Location/Y	0
	Size	628,440
	Size/Width	628
	Size/Height	440
	Lines	单击 按钮，出现"字符串集合编辑器"对话框，在对话框中输入下列文本，然后单击"确定"按钮。 软件使用说明 1. 软件使用 Access 2003，Excel 2003； 2. 软件运行需要安装 Framework 4.5，安装盘中已提供，请安装； 3. 软件默认安装在系统盘 C:\Program Files\js 下； 4. 数据库 jsglxt 在 C:\Program Files\js 下，为确保数据安全，请及时将数据库导出备份（单击系统中的"备份数据"按钮，也可直接在 js 文件夹下复制数据库 jsglxt）到非系统盘； 5. 在 D 盘建立 Picture 文件夹，路径为 D:\jsglxt\Picture，将照片保存在 Picture 文件夹，照片编号为教工号，如 111.jpg； 6. 外聘兼课教师信息中的本学期为当前学期，建议外聘兼课教师信息每学期导出一份 Excel 表按学期保存

4.3.2　设计菜单

（1）打开 jsgl 项目，在"解决方案资源管理器"中双击 sy 窗体。

（2）选择工具箱中的"菜单和工具栏"，拖放一个 MenuStrip 控件到 sy 窗体上，如图 4-16 所示。

（3）进入项集合编辑器。选择 MenuStrip 控件的 Items 属性，单击 按钮，进入"项集合编辑器"，如图 4-17 所示。

项目4　教师信息管理系统起始界面设计与实现

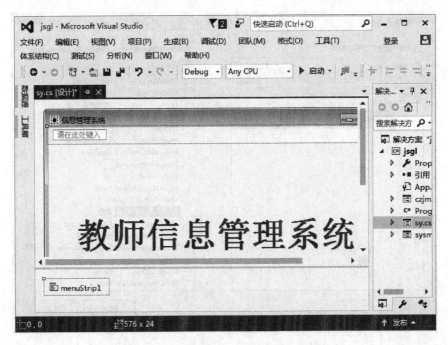

图 4-16　添加 MenuStrip 控件到 sy 窗体

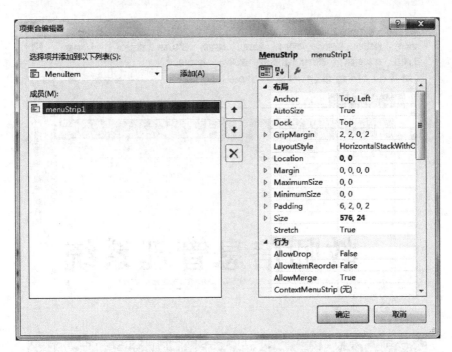

图 4-17　"项集合编辑器"对话框

（4）在"项集合编辑器"对话框中，单击"添加"按钮，在右窗口的属性列表框中，设置 Name 属性为 cztoolStripMenuItem，Text 属性为"操作"；再单击"添加"按钮，在右窗口的属性列表框中，设置 Name 属性为 bztoolStripMenuItem，Text 属性为"帮助"，如图 4-18 所示，然后单击"确定"按钮，设计界面如图 4-19 所示。

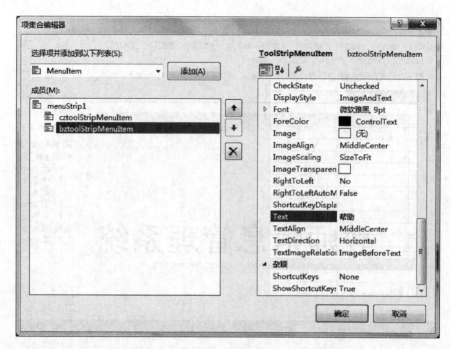

图 4-18 设置属性

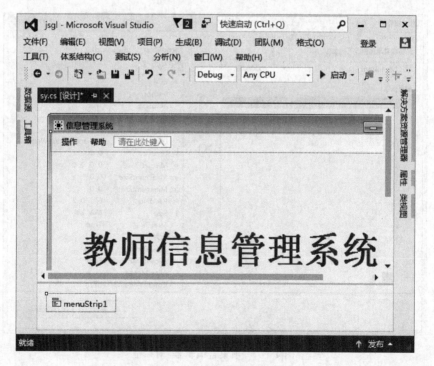

图 4-19 sy 窗体设计界面

(5) 在"项集合编辑器"窗体中,选择 cztoolStripMenuItem 成员,在右窗口的属性列表框中,选择 DropDownItems 属性,单击 按钮,进入"项集合编辑器(cztoolStripMenuItem. DropDownItems)"对话框,如图 4-20 所示。

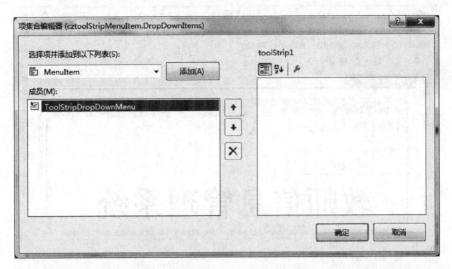

图 4-20 "项集合编辑器(cztoolStripMenuItem. DropDownItems)"对话框

(6) 在"项集合编辑器(cztoolStripMenuItem. DropDownItems)"对话框中,单击"添加"按钮,在右窗口的属性中,设置 Name 属性为 jrtoolStripMenuItem,Text 属性为"进入";再单击"添加"按钮,在右窗口的属性中,设置 Name 属性为 tctoolStripMenuItem,Text 属性为"退出",然后单击"确定"按钮,如图 4-21 所示。"操作"菜单设计界面如图 4-22 所示。

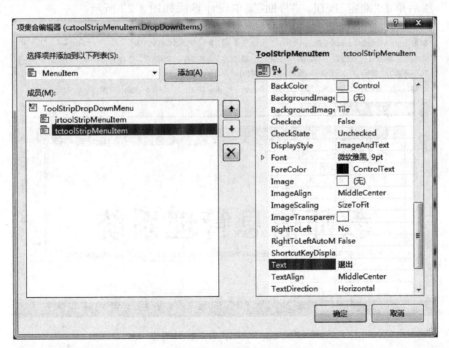

图 4-21 添加"操作"菜单成员

(7) 在"项集合编辑器"对话框中,选择 bztoolStripMenuItem 成员,在右面的属性列表框中,选择 DropDownItems 属性,单击 按钮,打开"项集合编辑器(bztoolStripMenuItem. DropDownItems)"对话框。

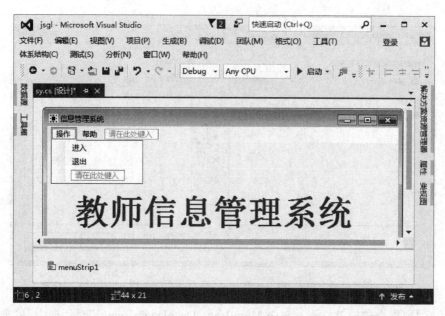

图 4-22 "操作"菜单设计界面

(8) 在"项集合编辑器(bztoolStripMenuItem.DropDownItems)"对话框中,单击"添加"按钮,在右面的属性列表框中,设置 Name 属性为 sysmtoolStripMenuItem,Text 属性为"使用说明",然后单击"确定"按钮。"帮助"菜单设计界面如图 4-23 所示。

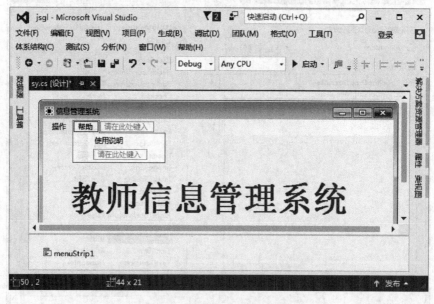

图 4-23 "帮助"菜单设计界面

以上操作中,也可以在 MenuStrip 控件中直接输入成员的 Text 属性。

(9) 编写代码。

① 选择"操作"→"进入"对象,在"属性"窗口选择"事件"图标 ,双击 Click 事件,编写如下程序代码。

```
private void jrtoolStripMenuItem_Click(object sender, EventArgs e)
{
    this.Hide();                          //将目前窗体隐藏
    czjm yourForm = new czjm();           //声明并建立 yourForm 为 czjm 的窗体对象
    yourForm.Show();                      //显示 yourForm 窗体
}
```

② 选择"操作"→"退出"对象,在"属性"窗口选择"事件"图标 ,双击 Click 事件,编写如下程序代码。

```
private void tctoolStripMenuItem_Click(object sender, EventArgs e)
{
    Application.Exit();
}
```

③ 选择"帮助"→"使用说明"对象,在"属性"窗口选择"事件"图标 ,双击 Click 事件,编写如下程序代码。

```
private void sysmtoolStripMenuItem1_Click(object sender, EventArgs e)
{
    sysm yourForm = new sysm();           //声明并建立 yourForm 为 sysm 的窗体对象
    yourForm.Show();                      //显示 yourForm 窗体
}
```

4.3.3 提示信息

(1) 打开 jsgl 项目,在"解决方案资源管理器"中双击 sy 窗体。

(2) 选择工具箱中的"公共控件"工具组,拖放一个 ToolTip 控件到 sy 窗体上,如图 4-24 所示。

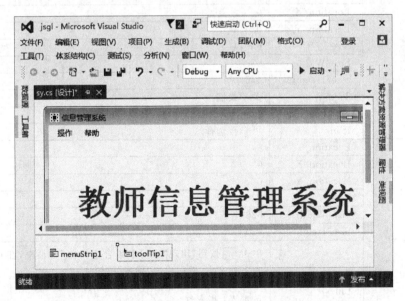

图 4-24 拖放 ToolTip 控件到 sy 窗体

(3) 设置 sy 窗体的"toolTip1 上的 ToolTip"属性为"单击操作进入系统",在 sy 窗体,设置 Label1 控件的"toolTip1 上的 ToolTip"属性为"单击操作进入系统"。

项目拓展实训

一、实训目的

1. 掌握窗体切换的方法。
2. 掌握菜单控件的应用。
3. 掌握 ToolTip 提示控件的应用。

二、实训内容

1. 见 4.3.1 子任务"添加窗体"。
2. 见 4.3.2 子任务"设计菜单"。
3. 见 4.3.3 子任务"提示信息"。
4. 添加"关于我们"窗体。

(1) 打开 jsgl 项目。

(2) 选择"项目"→"添加 Windows 窗体"命令,弹出"添加新项"对话框。然后在"名称"文本框中输入 gywm,单击"添加"按钮,出现"关于我们"窗体。

(3) 选择工具箱中的"公共控件"工具组,拖放一个 RichTextBox 控件到窗体上。

(4) 设置属性。窗体和 RichTextBox 控件的属性如表 4-4 所示。

表 4-4 窗体与 RichTextBox 控件属性

对象默认名称	属性	属性值
Form1	Name	gywm
	Location	0,0
	Location/X	0
	Location/Y	0
	Size	630,470
	Size/Width	630
	Size/Height	470
	Text	关于我们
	StartPosition	CenterScreen
	Icon	可自行选择
RichTextBox1	Location	0,0
	Location/X	0
	Location/Y	0
	Size	628,440
	Size/Width	628
	Size/Height	440
	Lines	单击 ... 按钮,出现"字符串集合编辑器"对话框,在对话框中输入下列文本,然后单击"确定"按钮。 信息管理系统软件开发团队 负责人:崔永红 成员:张 克 沙晓燕 李颖云 罗彩君 王晓芳 技术服务邮箱: sxscyh@163.com

5. 设计菜单,调用"关于我们"窗体。

(1) 打开 jsgl 项目,在"解决方案资源管理器"中双击 sy 窗体。

(2) 选择工具箱中的"菜单和工具栏",拖放一个 MenuStrip 控件到 sy 窗体上。

(3) 选择 MenuStrip 控件的 Items 属性,单击 … 按钮,打开"项集合编辑器"对话框。

(4) 在"项集合编辑器"对话框中,单击"添加"按钮,在右面的属性列表框中,设置 Name 属性为 cztoolStripMenuItem,Text 属性为"操作";再单击"添加"按钮,在右面的属性列表框中,设置 Name 属性为 bztoolStripMenuItem,Text 属性为"帮助",然后单击"确定"按钮。

(5) 在"项集合编辑器"对话框中,选择 bztoolStripMenuItem 成员,在右面的属性列表框中,选择 DropDownItems 属性,单击 … 按钮,打开"项集合编辑器(bztoolStripMenuItem. DropDownItems)"对话框。

(6) 在"项集合编辑器(bztoolStripMenuItem. DropDownItems)"对话框中,单击"添加"按钮,在右面的属性列表框中,设置 Name 属性为 gywmtoolStripMenuItem,Text 属性为"关于我们",然后单击"确定"按钮。

以上操作中,也可以在 MenuStrip 控件中直接输入成员的 Text 属性。

(7) 编写代码。

选择"帮助"→"关于我们"对象,在属性窗口选择"事件"图标 ⚡,双击 Click 事件,编写如下程序代码。

```
private void gywmtoolStripMenuItem_Click(object sender, EventArgs e)
{
    gywm yourForm = new gywm();
    yourForm.Show();
}
```

习题

一、选择题

1. Show 方法的作用是(   )。
   A. 显示窗体   B. 窗体隐藏
   C. 刷新窗体   D. 关闭窗体

2. 下列叙述不正确的是(   )。
   A. ToolTip 控件属于非可视化对象   B. ToolTip 控件属于可视化对象
   C. ToolTip 控件执行时不会显示在窗体上 D. ToolTip 控件在后台执行

二、填空题

1. Hide 方法的作用是把窗体隐藏起来,其调用格式为_____。

2. Close 方法的作用是_____窗体。

3. _____方法的作用是刷新窗体。

三、编程题

1. 创建一个C#Windows应用程序,程序开始执行时出现窗体1,窗体1的标题栏显示"窗体1",窗体1有一个按钮"切换至窗体2",当单击"切换至窗体2"按钮时,切换到窗体2,窗体2的标题栏显示"窗体2",窗体2有一个按钮"切换至窗体1",当单击"切换至窗体1"按钮时,切换至窗体1。

2. 创建一个C#Windows应用程序,用LinkLabel制作"百度网站"文本超级链接,当鼠标移到网站时产生ToolTip,显示网址www.baidu.com。当选取该LinkLabel控件时会超级链接至该网站。

项目 5

教师信息管理系统
操作界面设计与实现

本项目主要介绍教师信息管理系统操作界面的设计与实现,学习 ToolBar 控件、MonthCalendar 控件、PictureBox 控件、Timer 控件的基本操作和实际应用方法。

任务 5.1 教师信息管理系统操作界面设计

教师信息管理系统操作界面是系统运行的主要界面,主要实现进入专任教师、校内兼课、校外兼课、教师变动等界面的功能。如图 5-1 所示,单击工具栏的按钮可以进入相应的功能界面。操作界面有 5 个按钮。

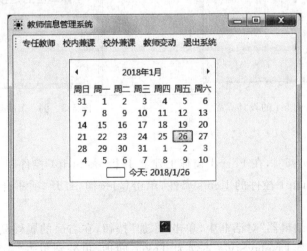

图 5-1 操作界面

(1)"专任教师"按钮。单击"专任教师"按钮,进入"专任教师"界面。
(2)"校内兼课"按钮。单击"校内兼课"按钮,进入"校内兼课"界面。
(3)"校外兼课"按钮。单击"校外兼课"按钮,进入"校外兼课"界面。

(4)"教师变动"按钮。单击"教师变动"按钮,进入"教师变动"界面。

(5)"退出系统"按钮。单击"退出系统"按钮,系统将退出。

任务 5.2 基本操作

5.2.1 ToolStrip 控件

ToolStrip 控件是工具栏控件。该控件在工具箱中的图标为 ToolStrip 。ToolStrip 控件常用成员如表 5-1 所示。

表 5-1 ToolStrip 控件常用成员

成 员	说 明
Items 属性	工具栏按钮 ToolStripButton 的集合
Dock 属性	设置工具栏停靠的位置
ItemClicked 事件	当用户单击工具栏时,将触发该事件,该事件内的程序代码就会被执行一次

【例 5-1】 ToolStrip 控件的应用。创建 Windows 应用程序,在窗体上添加 1 个 ToolStrip 控件和 1 个 Label 控件,在 ToolStrip 控件上设置 3 个按钮,如图 5-2 所示,程序运行后,当单击某按钮时,Label 控件显示单击此按钮,如图 5-3 所示。

图 5-2 例 5-1 的设计界面　　　　图 5-3 例 5-1 的运行界面

【操作】

(1)新建项目 vcs5_1,在 Form1 窗体上建立 1 个 toolStrip1 控件和 1 个 Label1 控件。

(2)选择 toolStrip1 控件的 Items 属性,单击 按钮,打开"项集合编辑器"对话框,如图 5-4 所示。

(3)在"项集合编辑器"对话框中,单击"添加"按钮,在右面的属性列表框中,设置 Text 属性为"按钮 1",设置 DisplayStyle 属性为 Text;同理,再分别单击"添加"按钮,在右面的属性列表框中,分别设置 Text 属性为"按钮 2""按钮 3",设置 DisplayStyle 属性为 Text,如图 5-5 所示,然后单击"确定"按钮。

(4)设置 Label1 控件的 Text 属性为空,AutoSize 属性为 False,Location 属性为"36, 81",Size 属性为"198,40"。

项目5 教师信息管理系统操作界面设计与实现

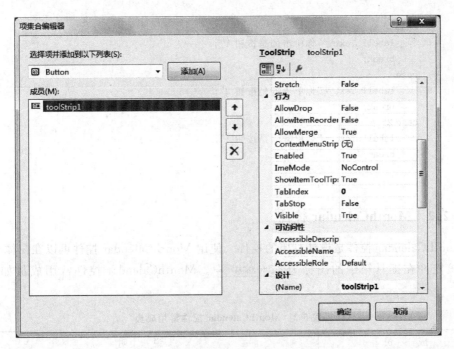

图 5-4 "项集合编辑器"对话框(1)

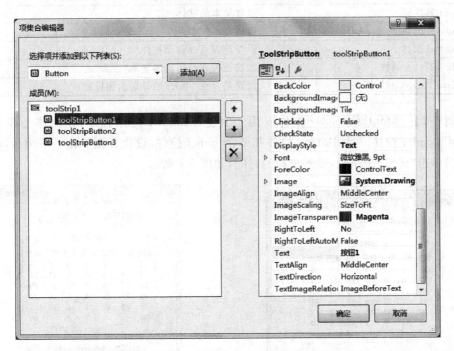

图 5-5 "项集合编辑器"对话框(2)

(5) 编写程序代码。双击 toolStrip1 控件,编写如下程序代码。

```
private void toolStrip1_ItemClicked(object sender,ToolStripItemClickedEventArgs e)
{
    switch (toolStrip1.Items.IndexOf(e.ClickedItem))
```

```
            {
                case 0:
                    label1.Text = "你单击的是按钮 1";
                    break;
                case 1:
                    label1.Text = "你单击的是按钮 2";
                    break;
                case 2:
                    label1.Text = "你单击的是按钮 3";
                    break;
            }
        }
```

5.2.2 MonthCalendar 控件

MonthCalendar 控件是设计月历的控件。使用 MonthCalendar 控件可以在窗体上显示月历,该控件在工具箱中的图标为 ![MonthCalendar]。MonthCalendar 控件常用成员如表 5-2 所示。

表 5-2 MonthCalendar 控件常用成员

成 员	说 明
FirstDayOfWeek 属性	设置星期几为一周的第一天,默认是星期日
Font 属性	设置文本的字体
ForeColor 属性	设置文本的颜色
Locked 属性	设置是否可以移动控件
ShowToday 属性	设置是否在月历底部显示"今天"的日期
ShowTodayCircle 属性	设置是否在"今天"的日期上加标记

【例 5-2】 MonthCalendar 控件应用。创建 Windows 应用程序,在窗体上添加 1 个 MonthCalendar 控件、1 个 Button 控件和 2 个 Label 控件,设计界面如图 5-6 所示,程序运行后,当单击"确定"按钮时,显示选择的时间,如图 5-7 所示。

图 5-6 例 5-2 设计界面

图 5-7 例 5-2 运行界面

【操作】

(1) 新建项目 vcs5_2,在 Form1 窗体上建立 1 个 MonthCalendar 控件、1 个 Button 控

件和 2 个 Label 控件。

（2）设置 Label1 控件的 Text 属性为"请选择日期"，Label2 控件的 Text 属性为"空"，Button1 控件的 Text 属性为"确定"。

（3）编写程序代码。双击 Button1 控件，编写如下程序代码。

```
private void button1_Click(object sender, EventArgs e)
{
    label2.Text = string.Format ("你选择的日期是:{0}",
                        monthCalendar1.SelectionRange.Start);
}
```

5.2.3 PictureBox 控件

PictureBox 图片框控件用于显示位图（BMP）、GIF、JPGE、图标（ICO）或图元文件（WMF）中的图像。该控件在工具箱中的图标为 PictureBox。PictureBox 控件常用成员如表 5-3 所示。

表 5-3 PictureBox 控件常用成员

成员	说明
Image 属性	设置 PictureBox 显示的图像
SizeMode 属性	设置图像显示的模式

如果通过编程方法设置 Image 属性，通常采用以下两种方式。

（1）通过 Bitmap 类的对象赋值给 Image 属性。若文件在项目主目录下的 bin\Debug 文件夹中，设置方法如下：

```
Bitmap a = new Bitmap(图像文件名);
PictureBox 对象名.Image = a;
```

或

```
PictureBox 对象名.Image = new Bitmap(图像文件名);
```

（2）通过 Image.FromFile 方法直接从文件中加载。设置方法如下：

```
PictureBox 对象名.Image = Image.FromFile(图像文件名);
```

SizeMode 属性有 4 个可选值，如表 5-4 所示。

表 5-4 SizeMode 属性值

属性值	说明
Normal	图像被置于 PictureBox 的左上角，如果图像比 PictureBox 大，则该图像将被裁掉
StretchImage	PictureBox 的图像被拉伸或收缩，以适合 PictureBox 的大小
AutoSize	调整 PictureBox 的大小，使其与所显示的图像大小相同
CenterImage	如果 PictureBox 比图像大，则图像将居中显示。如果图像比 PictureBox 大，则图像将居于 PictureBox 中心，而外边缘被剪裁掉

【例 5-3】 PictureBox 控件应用。创建 Windows 应用程序，在窗体上添加 1 个 PictureBox 控件、1 个 Label 控件，程序运行时，单击 PictureBox 控件，显示项目主目录下的 bin\Debug 文件夹中的图像，Label 控件显示当前的图像编号。如图 5-8 所示。

图 5-8 例 5-3 运行界面

【操作】

（1）新建项目 vcs5_3，在 Form1 窗体上建立 1 个 PictureBox 控件、1 个 Label 控件。

（2）在 C:\Program Files（x86）\Microsoft Visual Studio 14.0\Common7\IDE\Extensions\Microsoft\VsGraphics\Assets\Images 下，复制 dsdfilters、dsdmath、dsdmul 图片到项目主目录下的 bin\Debug 文件夹中，分别重命名为 Zoom1、Zoom2、Zoom3。

（3）编写程序代码。双击窗体，编写如下程序代码。

```
int picnum = 0;
private void Form1_Load(object sender, EventArgs e)
{
    pictureBox1.Image = new Bitmap("Zoom1" + ".BMP");
    label1.Text = "第 1 张图片";
}
```

PictureBox1 的 Click 事件程序代码：

```
private void pictureBox1_Click(object sender, EventArgs e)
{
    picnum = (picnum + 1) % 3;
    pictureBox1.Image = new Bitmap("Zoom" + (picnum + 1) + ".BMP");
    label1.Text = "第" + (picnum + 1) + "张图片";
}
```

5.2.4 Timer 控件

Timer 是非可视化定时器控件。Timer 控件用于按一定的时间间隔周期性地触发 Tick 事件。该控件在工具箱中的图标为 Timer。Timer 控件常用成员如表 5-5 所示。

表 5-5 Timer 控件常用成员

成员	说明
Enabled 属性	设置 Timer 是否启用，值为 Ture 时，定时器正在运行，值为 False 时，定时器没有运行
Interval 属性	设置定时器两次 Tick 事件发生的时间间隔，以 ms 为单位。如果值为 100，则每隔 0.1s 发生一次 Tick 事件
Start 方法	启动定时器。调用格式：Timer 控件名.start();
Stop 方法	停止定时器。调用格式：Timer 控件名.stop();
Tick 事件	每隔 Interval 时间后触发一次该事件

【例 5-4】 Timer 控件应用。创建 Windows 应用程序,在窗体上添加 1 个 Timer 控件和 1 个 Label 控件,程序运行时,Label 控件自右向左移动。如图 5-9 所示。

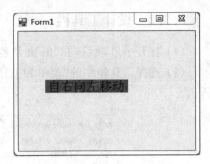

图 5-9　例 5-4 运行界面

【操作】

(1) 新建项目 vcs5_4,在 Form1 窗体上添加 1 个 Timer 控件、1 个 Label 控件。

(2) 设置 Label1 控件的 Text 属性为"自右向左移动",BackColor 设为"250,128,0"。

(3) 编写如下程序代码。

```
bool runLeft = true;
private void Form1_Load(object sender, EventArgs e)
{
    timer1.Enabled = true;
    timer1.Interval = 10;
}
private void timer1_Tick(object sender, EventArgs e)
{
    if (runLeft)
    {
        label1.Left -= 1;
        if (label1.Left + label1.Width <= 0)
            runLeft = false;
    }
    else
    {
        label1.Left = this.Width;
        runLeft = true;
    }
}
```

任务 5.3　教师信息管理系统操作界面的实现

5.3.1　添加窗体

1. 添加"校内专任教师"窗体

(1) 打开项目 4 的 jsgl 项目。

(2) 选择"项目"→"添加 Windows 窗体"命令,打开"添加新项"对话框,然后在"名称"文本框中输入 zrjs,单击"添加"按钮。

2. 添加"校内兼课教师"窗体

(1) 打开 jsgl 项目。

(2) 选择"项目"→"添加 Windows 窗体"命令,弹出"添加新项"对话框。然后在"名称"文本框中输入 xnjk,单击"添加"按钮。

5.3.2 设计工具栏

(1) 打开 jsgl 项目，在"解决方案资源管理器"窗口中双击 czjm 窗体。

(2) 选择工具箱中的"菜单和工具栏"，拖放一个 ToolStrip 控件到 czjm 窗体上，如图 5-10 所示。

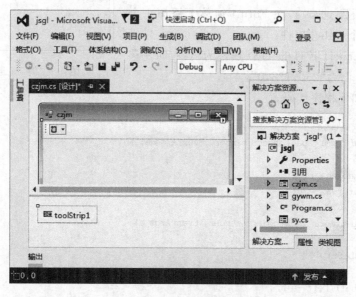

图 5-10 添加 ToolStrip 控件到 czjm 窗体上

(3) 选择 toolStrip1 控件的 Items 属性，单击 […] 按钮，打开"项集合编辑器"对话框，如图 5-11 所示。

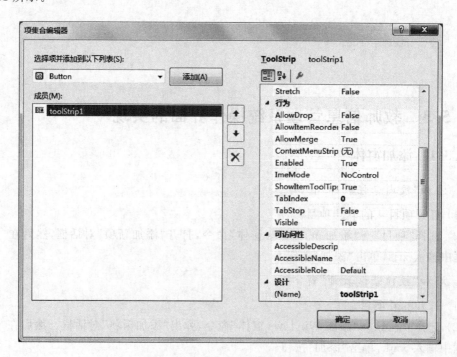

图 5-11 "项集合编辑器"对话框

(4) 在"项集合编辑器"对话框中,单击"添加"按钮,在右面的属性列表框中,设置 Text 属性为"校内专任教师",设置 DisplayStyle 属性为 Text;同理,再单击"添加"按钮,在右面的属性列表框中,设置 Text 属性为"校内兼课教师",设置 DisplayStyle 属性为 Text,然后单击"确定"按钮,如图 5-12 所示。

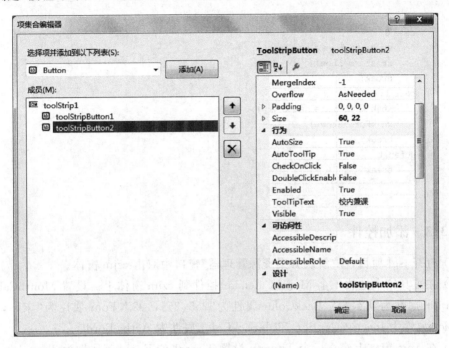

图 5-12 设置属性

(5) 设置窗体和 ToolStrip 控件的属性。窗体和 ToolStrip 控件的属性如表 5-6 所示。

表 5-6 窗体与 ToolStrip 控件的属性

对象默认名称	属性	属性值
Form1	Name	czjm
	Location	0,0
	Location/X	0
	Location/Y	0
	Size	640,507
	Size/Width	640
	Size/Height	507
	BackColor	255,255,192(自定义选项中,第 1 排第 4 个)
	Text	教师信息管理系统
	StartPosition	CenterScreen
	Icon	资料包:ch1/pic 下选择 Computer 图标或 my 图标(也可自选)
toolStrip1	Anchor	Top,Left
	AutoSize	True

（6）编写程序代码。双击 toolStrip1 控件，编写如下程序代码。

```
private void toolStrip1_ItemClicked(object sender,ToolStripItemClickedEventArgs e)
{
    switch (toolStrip1.Items.IndexOf(e.ClickedItem))
    {
        case 0:
            zrjs zrjsForm = new zrjs();
            zrjsForm.Show();
            break;
        case 1:
            xnjk xnjkForm = new xnjk();
            xnjkForm.Show();
            break;
        default:
            break;
    }
}
```

5.3.3 添加控件

（1）打开 jsgl 项目，在"解决方案资源管理器"窗口中双击 czjm 窗体。

（2）在工具箱中拖放 1 个 MonthCalendar 控件到 czjm 窗体上。设置 MonthCalendar1 的 Location 属性为"82,34"，BackColor 属性为"255,255,192"，Font 属性为"宋体,15pt"，ForeColor 属性为 InactiveCaption，TitleBackColor 属性为 ActiveBorder。

（3）在 czjm 窗体上建立一个 Timer。设置 Timer1 的 Enabled 属性为 True，Interval 属性为 350。

（4）在 czjm 窗体上建立 4 个 PictureBox 控件，分别将 Name 属性更名为 pic 和 pic1-pic3，并将 pic1-pic3 的 Visible 属性设为 False（隐藏），SizeMode 属性设为 AutoSize。在资料包 ch1/pic 下，依次分别将 Zoom、ZoomIn、ZoomOut 图片（也可自选）加载到 3 个图片框内。如图 5-13 所示。

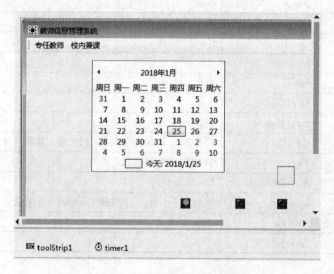

图 5-13　czjm 窗体设计界面

(5) 编写如下程序代码。

```
int picNo = 0;
PictureBox[] pics;
private void czjm_Load(object sender, EventArgs e)
{
    pic.Location = new Point(this.Width,270);
    pics = new PictureBox[] {pic1, pic2, pic3};
}

private void timer1_Tick(object sender, EventArgs e)
{
    picNo++;
    if (picNo > 2)picNo = 0;
    pic.Image = pics[picNo].Image;
    if (pic.Left > 0)
        pic.Left -= 10;
    else
        pic.Left = this.Width;
}
```

项目拓展实训

一、实训目的

1. 掌握 ToolBar 控件的应用。
2. 掌握 MonthCalendar 控件的应用。
3. 掌握 PictureBox 控件的应用。
4. 掌握 Timer 控件的应用。
5. 掌握工具栏的设计方法。

二、实训内容

1. 见 5.3.1 子任务"添加窗体"。
2. 见 5.3.2 子任务"设计工具栏"。
3. 见 5.3.3 子任务"添加控件"。
4. 添加"校外兼课教师"与"教师变动"窗体。
(1) 打开本项目的 jsgl 项目。
(2) 选择"项目"→"添加 Windows 窗体"命令，打开"添加新项"对话框。然后在"名称"文本框中输入 xwjk，单击"添加"按钮。
(3) 选择"项目"→"添加 Windows 窗体"命令，打开"添加新项"对话框。然后在"名称"文本框中输入 jsbd，单击"添加"按钮。
5. 设计工具栏。
(1) 打开 jsgl 项目，在"解决方案资源管理器"窗口中双击 czjm 窗体。

（2）选择 toolStrip1 控件的 Items 属性，单击 ... 按钮，打开"项集合编辑器"对话框。

（3）在"项集合编辑器"对话框中，单击"添加"按钮，在右面的属性列表框中，设置 Text 属性为"校外兼课教师"，设置 DisplayStyle 属性为 Text；同理，再单击"添加"按钮，在右面的属性列表框中，设置 Text 属性为"教师变动"，设置 DisplayStyle 属性为 Text，然后单击"确定"按钮。再单击"添加"按钮，在右面的属性列表框中，设置 Text 属性为"退出系统"，设置 DisplayStyle 属性为 Text，然后单击"确定"按钮。

（4）编写代码。双击 toolStrip1 控件，编写如下程序代码。

```
private void toolStrip1_ItemClicked(object sender,ToolStripItemClickedEventArgs e)
{
    switch (toolStrip1.Items.IndexOf(e.ClickedItem))
    {
        case 0: //同 5.3.2 子任务"设计工具栏"程序,下同
            zrjs zrjsForm = new zrjs();
            zrjsForm.Show();
            break;
        case 1:
            xnjk xnjkForm = new xnjk();
            xnjkForm.Show();
            break;
        case 2:
            xwjk xwjkForm = new xwjk();
            xwjkForm.Show();
            break;
        case 3:
            jsbd jsbdForm = new jsbd();
            jsbdForm.Show();
            break;
        case 4:
            if(MessageBox.Show("确认退出系统","退出",
MessageBoxButtons.YesNo,MessageBoxIcon.Question) == DialogResult.Yes)
            {
                Application.Exit();
            }
            break;
        default:
    break;
    }
}
```

6．添加控件。

（1）打开 jsgl 项目，在"解决方案资源管理器"窗口中双击 czjm 窗体。

（2）在 czjm 窗体上建立 1 个 Label 控件。

(3) 编写如下程序代码。

```csharp
int picNo = 0;                          //同 5.3.3 子任务"添加控件"程序,下同
PictureBox[] pics;
private void czjm_Load(object sender, EventArgs e)
{
    pic.Location = new Point(this.Width,270);
    pics = new PictureBox[] { pic1, pic2, pic3};
    label1.Location = new Point(this.Width,300);
}
private void timer1_Tick(object sender, EventArgs e)
{
    picNo++;
    if (picNo > 2) picNo = 0;
    pic.Image = pics[picNo].Image;
    if (pic.Left > 0)
        pic.Left -= 10;
    else
        pic.Left = this.Width;
    if (label1.Left > 0)
        label1.Left -= 10;
    else
        label1.Left = this.Width;
    label1.Text = DateTime.Now.ToString();
}
```

习题

一、选择题

1. 如果 PictureBox 控件的 SizeMode 属性设置为 AutoSize,则表示(　　)。

　　A. 图像被置于 PictureBox 的左上角,如果图像比 PictureBox 大,则该图像将被裁掉

　　B. 图像将居于 PictureBox 中心,而外边缘被剪裁掉窗体隐藏

　　C. PictureBox 的图像被拉伸或收缩,以适合 PictureBox 的大小

　　D. 调整 PictureBox 的大小,使其与所显示的图像大小相同

2. 下列叙述不正确的是(　　)。

　　A. Timer 控件属于非可视化控件　　　　B. Timer 控件属于可视化控件

　　C. Timer 控件执行时不会显示在窗体上　　D. Timer 控件在后台执行

3. 如果 Timer 控件的 Interval 属性设置为 50,则发生一次 Tick 事件的时间间隔为(　　)。

　　A. 5s　　　　　　B. 0.5s　　　　　　C. 0.05s　　　　　　D. 0.005s

二、填空题

1. ToolStrip 控件是工具栏控件,设置工具栏停靠位置的属性为_____。

2. 如果将 PictureBox 控件隐藏,则将 Visible 属性设置为_____。

3. 如果启动 Timer 控件,则将 Enabled 属性设置为_____。

三、编程题

1. 创建一个 C# Windows 应用程序,在窗体上添加 1 个 Timer 控件和 1 个 Label 控件,将 Label 控件的 Text 属性设为"左右移动",程序执行时,Label 控件在窗体上左右来回移动。

2. 创建一个 C# Windows 应用程序,程序执行时,在窗体上自动显示 5 张图片。

项目 6

教师信息管理系统功能模块界面设计

本项目主要完成教师信息管理系统功能模块的界面设计,学习列表类控件、TabControl 控件、GroupBox 控件、DataGridView 控件的基本操作和实际应用方法。

任务 6.1　教师信息管理系统功能模块的认知

教师信息管理系统包括校内专任教师、校内兼课教师、校外兼课教师、教师变动 4 个功能模块,主要实现教师基本信息管理、查询、打印信息等功能。各模块的主要功能如下。

(1) 校内专任教师模块。实现专任教师基本信息管理、教师信息查询功能,可进行信息添加、修改、删除、导出 Excel、备份等操作。

(2) 校内兼课教师模块。实现校内兼课教师基本信息管理、教师信息查询功能,可进行信息添加、修改、删除、导出 Excel、备份等操作。

(3) 校外兼课教师模块。实现校外兼课教师基本信息管理、教师信息查询功能,可进行信息添加、修改、删除、导出 Excel、备份等操作。

(4) 教师变动模块。实现对变动教师的信息管理功能,可进行信息添加、修改、删除、导出 Excel、备份等操作。

任务 6.2　基本操作

6.2.1　列表框类控件

列表类控件包括 ListBox 控件、CheckedListBox 控件、ComboBox 控件,主要用于显示或选择给定的项目列表选项。

1. ListBox 控件

ListBox 控件又称列表框,用于显示一个选项列表,用户可以从中选择一项或多项。该控件在工具箱中的图标为 ListBox。ListBox 控件常用成员如表 6-1 所示。

表 6-1　ListBox 控件常用成员

成　员	说　明
MultiColumn 属性	设置列表框是否允许多列显示
Items 属性	用于存放列表框中的列表项,是一个集合
SelectionMode 属性	设置列表框列表项的模式,有 4 个选项。None：无法从列表框中选择选项；One：只能从列表框中选择一个选项(默认)；MultiSimple：可从列表框中选择多个选项；MultiExtended：使用组合键,可从列表框中选择多个选项
Sorted 属性	设置列表项是否按字母顺序排序,默认值为 False
SelctedIndex 属性	列表框中被选择项目的索引编号。编号从 0 开始
ItemsCount 属性	用于返回列表项的数目
Add 方法	用于向列表框中添加一个项目 调用格式：ListBox 对象名.Items.Add(项目);
Clear 方法	用于清除列表框中所有项。 调用格式：ListBox 对象名.Items.Clear();
SelectionIndexChange 事件	当列表框中被选择的选项有改变时,将触发该事件

2. CheckedListBox 控件

CheckedListBox 控件又称复选列表框,用于显示一个选项列表,每个选项前面有一个复选框。该控件在工具箱中的图标为 CheckedListBox。CheckedListBox 控件是由 ListBox 类继承而来,两者属性基本相同,CheckedListBox 控件增加的成员介绍,如表 6-2 所示。

表 6-2　CheckedListBox 控件常用成员

成　员	说　明
CheckState 属性	检查控件选中状态
CheckOnClick 属性	设置第一次单击选项时是否改变选中状态,有 2 个选项。True：表示在该选项上单击时将其选中,若再次单击,则取消选中；False：表示必须双击才选中
SetItemChecked 方法	取消选中列表框中第 i 个选项。 调用格式：CheckedListBox 对象名.SetItemChecked(i,False);
GetItemChecked 方法	返回列表框中第 i 个项目是否选中,返回 True 表示该项目已选中,返回 False 表示该项目未选中

3. ComboBox 控件

ComboBox 控件又称组合框,它分两部分显示：顶部是一个允许输入文本的文本框,下面的列表框显示选项列表。该控件在工具箱中的图标为 ComboBox。ComboBox 控件常用成员如表 6-3 所示。

表 6-3　ComboBox 控件常用成员

成　员	说　明
DropDownStyle 属性	设置组合框的外观和功能。有 3 个选项,Simple：同时显示文本框和列表框,文本框可以编辑；DropDown：只显示文本框,单击箭头按钮后显示列表框,文本框可以编辑；DropDownList：只显示文本框,单击箭头按钮后显示列表框,文本框不可以编辑

续表

成　　员	说　　明
Items 属性	用于存放组合框中的列表项，是一个集合
Add 方法	用于向组合框中添加一个选项。 调用格式：ComboBox 对象名.Items.Add(选项);
Clear 方法	用于清除组合框中的所有选项。 调用格式：ComboBox 对象名.Items.Clear();

【例 6-1】 列表类控件应用。创建 Windows 应用程序，在窗体上添加 1 个 ListBox 控件、1 个 CheckedListBox 控件、1 个 Button 控件和 2 个 Label 控件，如图 6-1 所示，程序运行后，当单击"确定"按钮时，Label 控件显示选择内容，如图 6-2 所示。

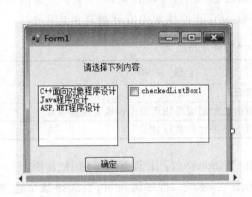

图 6-1　例 6-1 设计界面

图 6-2　例 6-1 运行界面

【操作】

(1) 新建项目 vcs6_1，在 Form1 窗体上建立 1 个 ListBox 控件、1 个 CheckedListBox 控件、1 个 Button 控件和 2 个 Label 控件。

(2) 设置 Label1 的 Text 属性为"请选择下列内容"，Label2 的 Text 属性为空，Button1 的 Text 属性为"确定"。

(3) 选择 ListBox 控件的 Items 属性，单击 ... 按钮，打开"字符串集合编辑器"对话框，在"字符串集合编辑器"对话框中按行输入"C++面向对象程序设计""Java 程序设计""ASP.NET 程序设计"，单击"确定"按钮。如图 6-3 所示。

(4) 编写如下程序代码。

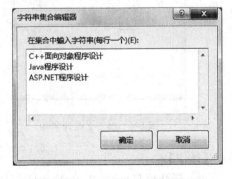

图 6-3　"字符串集合编辑器"对话框

```
private void Form1_Load(object sender, EventArgs e)
{
    string[] a = new string[] {"项目一","项目二","项目三","项目四","项目五","项目六",
                "项目七"};
    for (int i = 0; i < 7; i++)
```

```
        checkedListBox1.Items.Add(a[i]);
    }
}
private void button1_Click(object sender, EventArgs e)
{
    label2.Text = "你选择的是" + listBox1.Text + ":" + "\n";
    for(int i = 0;i < checkedListBox1.Items.Count;i++)
        if(checkedListBox1.GetItemChecked(i))
            label2.Text += checkedListBox1.Items[i] + "\n";
}
```

6.2.2 TabControl 控件

TabControl 控件用于显示多个选项卡。通过选项卡,可以在窗体的多个页面间切换。该控件在工具箱中的图标为 TabControl 。TabControl 控件常用成员如表 6-4 所示。

表 6-4 TabControl 控件常用成员

成 员	说 明
TabPages 属性	选项卡集合
Appearance 属性	设置选项卡是绘制成按钮还是绘制成常规选项卡
MultiLine 属性	设置选项卡是否允许多行显示

【例 6-2】 TabControl 控件应用。创建 Windows 应用程序,在窗体上添加 1 个 TabControl 控件、3 个 Label 控件,设计界面如图 6-4 所示,程序运行后,当选择某个选项卡时,显示该选项卡内容,如图 6-5 所示。

图 6-4 例 6-2 设计界面

图 6-5 例 6-2 运行界面

【操作】

(1) 新建项目 vcs6_2,在 Form1 窗体上建立 1 个 TabControl 控件、3 个 Label 控件。

(2) 选择 TabControl1 控件的 TabPages 属性,单击 [...] 按钮,打开"TabPage 集合编辑器"对话框,如图 6-6 所示。

(3) 在"TabPage 集合编辑器"对话框中,单击"添加"按钮,添加 3 个 TabPage 页,对于 3 个 TabPage 页,在右面的属性列表框中,分别设置 Text 属性为"项目一""项目二""项目三",然后单击"确定"按钮,如图 6-7 所示。

项目6 教师信息管理系统功能模块界面设计

图 6-6 "TabPage 集合编辑器"对话框

图 6-7 设置属性

(4) 在"项目一"页上建立一个 Label1 控件,设置 Text 属性为"这里是项目一"。
(5) 在"项目二"页上建立一个 Label2 控件,设置 Text 属性为"这里是项目二"。
(6) 在"项目三"页上建立一个 Label3 控件,设置 Text 属性为"这里是项目三"。
(7) 运行程序。结果如图 6-5 所示。

6.2.3 GroupBox 控件

GroupBox 控件用于将相关控件组成一组。除了可对控件进行分门别类,还可使界面整齐,这种可以包含控件的控件称为容器。该控件在工具箱中的图标为 GroupBox 。GroupBox 控件常用成员如表 6-5 所示。

表 6-5　GroupBox 控件常用成员

成员	说明	成员	说明
Text 属性	设置控件的标题名称	Font 属性	设置控件中文本的字体
Enabled 属性	设置是否启用该控件	ForeColor 属性	设置控件中文本的前景色
BackColor 属性	设置控件的背景色	Visible 属性	设置控件是否可见

6.2.4　DataGridView 控件

DataGridView 控件用于显示和处理不同类型数据源的表格数据。该控件在工具箱中的图标为 DataGridView 。DataGridView 控件常用成员如表 6-6 所示。

表 6-6　DataGridView 控件常用成员

成员	说明	成员	说明
BackColor 属性	设置控件的背景色	RowCount 属性	设置显示的行数
Font 属性	设置显示的文本的字体	Size 属性	设置控件的高度和宽度
ForeColor 属性	设置控件的前景色		

任务 6.3　"校内专任教师"模块界面设计

6.3.1　添加选项卡

(1) 打开项目 5 的 jsgl 项目,在"解决方案资源管理器"窗口中双击 zrjs 窗体。

(2) 选择工具箱中的"容器",拖放一个 TabControl 控件到 zrjs 窗体上。

(3) 选择 TabControl1 控件的 TabPages 属性,单击 按钮,打开"TabPage 集合编辑器"对话框。

(4) 在"TabPage 集合编辑器"对话框中,在右面的属性列表框中,分别将两个 TabPage 页的 Text 属性设置为"教师信息""教师查询",BackColor 属性设置为 Control,ForeColor 属性设置为 Desktop,如图 6-8 所示,然后单击"确定"按钮。

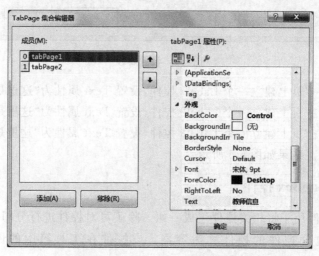

图 6-8　"TabPage 集合编辑器"对话框

(5) 设置属性。设置 zrjs 窗体和 TabControl 控件的属性。zrjs 窗体和 TabControl 控件的属性如表 6-7 所示。

表 6-7 zrjs 窗体与 TabControl 控件的属性

对象名称	属 性	属 性 值
zrjs	Location	0,0
	Size	1280,720
	Text	校内专任教师
	StartPosition	CenterScreen
	Icon	资料包: ch1/pic 下选择 Computer 图标或 my 图标(也可自选)
TabControl1	Location	2,0
	Size	1256,720

6.3.2 "教师信息"选项卡设计

(1) 打开 jsgl 项目,在"解决方案资源管理器"窗口中双击 zrjs 窗体,在 zrjs 窗体选择"教师信息"选项卡。

(2) 在"教师信息"选项卡中添加 2 个 GroupBox 控件。GroupBox 控件的属性如表 6-8 所示。

表 6-8 GroupBox 控件的属性

对象名称	属 性	属 性 值	对象名称	属 性	属 性 值
GroupBox1	Location	18,27	GroupBox2	Location	18,144
	Size	990,100		Size	990,576
	Text	基本操作		Text	教师信息

(3) 在 GroupBox1 控件上添加 8 个 Button 控件;在 GroupBox2 控件上添加 1 个 Button 控件。Button 控件的属性如表 6-9 所示。

表 6-9 Button 控件的属性

对象名称	属 性	属 性 值	对象名称	属 性	属 性 值
Button1	Name	tjbutton	Button4	Name	qxbutton
	Location	80,16		Location	328,40
	Size	75,23		Size	75,23
	Text	添加		Text	取消
Button2	Name	xgbutton	Button5	Name	scbutton
	Location	80,56		Location	576,40
	Size	75,23		Size	75,23
	Text	修改		Text	删除
Button3	Name	qdbutton	Button6	Name	dcbutton
	Location	200,40		Location	728,16
	Size	75,23		Size	75,23
	Text	确定		Text	导出 Excel

续表

对象名称	属性	属性值	对象名称	属性	属性值
Button7	Name	bfbutton	Button9	Name	xszpbutton
	Location	728,56		Location	18,198
	Size	75,23		Size	99,27
	Text	备份数据		Text	显示照片
Button8	Name	tcbutton			
	Location	856,40			
	Size	75,23			
	Text	退出			

（4）在 GroupBox2 控件上添加 24 个 Label 控件。Label 控件的属性如表 6-10 所示。

表 6-10 Label 控件的属性

对象名称	属性	属性值	对象名称	属性	属性值
Label1	Location	136,18	Label14	Location	136,136
	Text	教工号		Text	学位
Label2	Location	304,18	Label15	Location	376,136
	Text	姓名		Text	工作时间
Label3	Location	472,18	Label16	Location	136,171
	Text	性别		Text	职业资格证书
Label4	Location	600,18	Label17	Location	352,171
	Text	出生年月		Size	63,23
Label5	Location	784,18		Text	发证单位
	Text	民族	Label18	Location	577,171
Label6	Location	136,65		Text	获取时间
	Text	政治面貌	Label19	Location	781,171
Label7	Location	312,65		Text	是否双师素质
	Text	职称	Label20	Location	136,219
Label8	Location	496,65		Text	电话
	Text	职称获取时间	Label21	Location	344,219
Label9	Location	712,65		Text	电子邮箱
	Text	发证单位	Label22	Location	544,219
Label10	Location	136,99		Text	教研室
	Text	最高学历	Label23	Location	774,219
Label11	Location	375,99		Text	部门
	Text	毕业学校	Label24	Location	136,257
Label12	Location	600,99		Text	照片地址
	Text	毕业时间			
Label13	Location	797,99			
	Text	专业			

(5) 在 GroupBox2 控件上添加 15 个 TextBox 控件。TextBox 控件的属性如表 6-11 所示。

表 6-11 TextBox 控件的属性

对象名称	属性	属性值	对象名称	属性	属性值
TextBox1	Name	jghtextBox	TextBox9	Name	gzsjtextBox
	Location	208,16		Location	448,136
	Size	72,21		Size	100,21
TextBox2	Name	xmtextBox	TextBox10	Name	zyzgzstextBox
	Location	360,16		Location	224,168
	Size	72,21		Size	117,21
TextBox3	Name	csnytextBox	TextBox11	Name	zgzsfzdwtextBox
	Location	672,16		Location	416,168
	Size	72,21		Size	153,21
TextBox4	Name	zcsjtextBox	TextBox12	Name	zgzssjtextBox
	Location	592,64		Location	648,168
	Size	90,21		Size	108,21
TextBox5	Name	zcfzdwtextBox	TextBox13	Name	dhtextBox
	Location	784,64		Location	192,216
	Size	180,21		Size	135,21
TextBox6	Name	byxxtextBox	TextBox14	Name	dzyxtextBox
	Location	440,96		Location	405,216
	Size	153,21		Size	126,21
TextBox7	Name	bysjtextBox	TextBox15	Name	zpdztextBox
	Location	672,96		Location	200,254
	Size	100,21		Size	430,21
TextBox8	Name	zytextBox			
	Location	832,96			
	Size	135,21			

(6) 在 GroupBox2 控件上添加 9 个 ComboBox 控件。ComboBox 控件的属性如表 6-12 所示。

表 6-12 ComboBox 控件的属性

对象名称	属性	属性值
ComboBox1	Name	xbcomboBox
	Items	字符串集合编辑器内容为：男、女
	Location	512,16
	Size	63,20
ComboBox2	Name	mzcomboBox
	Items	字符串集合编辑器内容为汉族、蒙古族、回族、满族……
	Location	832,16
	Size	135,20

续表

对象名称	属性	属性值
ComboBox3	Name	zzmmcomboBox
	Items	字符串集合编辑器内容为中国共产党党员、群众……
	Location	208,64
	Size	90,20
ComboBox4	Name	zccomboBox
	Items	字符串集合编辑器内容为教授、副教授、讲师、助教、研究员级高级工程师、高级工程师、工程师、助理工程师、技术员、高级实验师、实验师、助理实验师、实验员、研究员级高级会计师、高级会计师、助理会计师、会计员、研究员、副研究员、助理研究员、实习研究员
	Location	360,64
	Size	108,20
ComboBox5	Name	zgxlcomboBox
	Items	字符串集合编辑器内容为博士研究生、硕士研究生、大学本科、专科、专科以下
	Location	208,96
	Size	144,20
ComboBox6	Name	xwcomboBox
	Items	字符串集合编辑器内容为博士、硕士、学士、双学士、无
	Location	200,136
	Size	121,20
ComboBox7	Name	sfsscomboBox
	Items	字符串集合编辑器内容为是、否
	Location	864,168
	Size	81,20
ComboBox8	Name	jyscomboBox
	Items	字符串集合编辑器内容为会计电算化、经济学、国际经济与贸易、市场营销、电子商务、汽车技术服务与营销、计算机应用、计算机网络、计算机软件、高等数学、旅游、英语、人力资源管理、物流管理、力学、材料及测量、设备
	Location	600,216
	Size	117,20
ComboBox9	Name	bmcomboBox
	Items	字符串集合编辑器内容为财经系、计算机科学系、旅游系、艺术系、管理系、建筑工程系、基础课部
	Location	810,216
	Size	153,20

(7) 在 GroupBox2 控件上添加 1 个 PictureBox 控件和 1 个 DataGridView 控件。控件的属性如表 6-13 所示。

表 6-13 控件的属性

对象名称	属性	属性值	对象名称	属性	属性值
PictureBox1	Location	9,27	DataGridView1	Location	36,290
	Size	126,162		Size	949,219

6.3.3 "教师查询"选项卡设计

(1) 打开 jsgl 项目,在"解决方案资源管理器"窗口中双击 zrjs 窗体,在 zrjs 窗体选择"教师查询"选项卡。

(2) 在"教师查询"选项卡上添加 2 个 GroupBox 控件。分别设置 BackColor 属性为 Control,GroupBox 控件的其他属性如表 6-14 所示。

表 6-14 GroupBox 控件的属性

对象名称	属性	属性值	对象名称	属性	属性值
GroupBox3	Location	18,18	GroupBox4	Location	756,18
	Size	711,153		Size	243,153
	Text	查询条件		Text	基本操作

(3) 在 GroupBox3 控件上添加 6 个 Label 控件。分别设置 BackColor 属性为 Control,Label 控件的其他属性如表 6-15 所示。

表 6-15 Label 控件的属性

对象名称	属性	属性值	对象名称	属性	属性值
Label25	Location	40,23	Label28	Location	40,80
	Text	教工号		Text	双师素质
Label26	Location	223,23	Label29	Location	216,80
	Text	姓名		Text	教研室
Label27	Location	450,23	Label30	Location	450,80
	Text	职称		Text	部门

(4) 在 GroupBox3 控件上添加 2 个 TextBox 控件,设置 TextBox 属性为空。TextBox 控件的其他属性如表 6-16 所示。

表 6-16 TextBox 控件的属性

对象名称	属性	属性值	对象名称	属性	属性值
TextBox1	Name	jghtextBoxcx	TextBox2	Name	xmtextBoxcx
	Location	96,24		Location	280,24
	Size	100,21		Size	144,21

（5）在 GroupBox3 控件上添加 4 个 ComboBox 控件。ComboBox 控件的属性如表 6-17 所示。

表 6-17 ComboBox 控件的属性

对象名称	属 性	属 性 值
ComboBox1	Name	zccomboBox cx
	Items	字符串集合编辑器内容为教授、副教授、讲师、助教、研究员级高级工程师、高级工程师、工程师、助理工程师、技术员、高级实验师、实验师、助理实验师、实验员、研究员级高级会计师、高级会计师、助理会计师、会计员、研究员、副研究员、助理研究员、实习研究员
	Location	488,27
	Size	207,20
ComboBox2	Name	sfsscomboBoxcx
	Items	字符串集合编辑器内容为是、否
	Location	96,80
	Size	108,20
ComboBox3	Name	jyscomboBoxcx
	Items	字符串集合编辑器内容为会计电算化、经济学、国际经济与贸易、市场营销、电子商务、汽车技术服务与营销、计算机应用、计算机网络、计算机软件、高等数学、旅游、英语、人力资源管理、物流管理、力学、材料及测量、设备
	Location	280,80
	Size	153,20
ComboBox4	Name	bmcomboBoxcx
	Items	字符串集合编辑器内容为财经系、计算机科学系、旅游系、艺术系、管理系、建筑工程系、基础课部
	Location	488,80
	Size	207,20

（6）在 GroupBox4 控件上添加 4 个 Button 控件。Button 控件的属性如表 6-18 所示。

表 6-18 Button 控件的属性

对象名称	属 性	属 性 值	对象名称	属 性	属 性 值
Button1	Name	cxbuttoncx	Button3	Name	dcbuttoncx
	Location	9,27		Location	9,99
	Size	75,23		Size	75,23
	Text	查询		Text	导出 Excel
Button2	Name	qxbuttoncx	Button4	Name	tcbuttoncx
	Location	9,63		Location	126,63
	Size	75,23		Size	75,23
	Text	取消		Text	退出

（7）在"教师查询"选项卡中添加 1 个 DataGridView 控件。DataGridView 控件的属性如表 6-19 所示。

表6-19 控件的属性

对象名称	属 性	属 性 值
DataGridView2	Location	9,189
	Size	981,405

项目拓展实训

一、实训目的

1. 掌握列表类控件的应用。
2. 掌握 TabControl 控件的应用。
3. 掌握 GroupBox 控件的应用。
4. 掌握 DataGridView 控件的应用。
5. 掌握界面设计的基本方法。

二、实训内容

1. 见 6.3.1 子任务的"添加选项卡"。
2. 见 6.3.2 子任务的"'教师信息'选项卡设计"。
3. 见 6.3.3 子任务的"'教师查询'选项卡设计"。
4. "校内兼课教师"界面设计。

（1）添加选项卡。

① 打开本项目的 jsgl 项目，在"解决方案资源管理器"窗口中双击 xnjk 窗体。

② 选择工具箱中的"容器"工具组，拖放一个 TabControl 控件到 xnjk 窗体上。

③ 选择 TabControl1 控件的 TabPages 属性，单击 ... 按钮，打开"TabPage 集合编辑器"对话框。

④ 在"TabPage 集合编辑器"对话框中，在右面的属性列表框中分别设置两个 TabPage 页的 Text 属性为"教师信息""教师查询"，设置 BackColor 属性为 Control，设置 ForeColor 属性为 Desktop，然后单击"确定"按钮。

⑤ 设置属性。设置 xnjk 窗体和 TabControl 控件的属性。xnjk 窗体和 TabControl 控件的属性如表 6-20 所示。

表6-20 xnjk 窗体与 TabControl 控件的属性

对象名称	属 性	属 性 值
xnjk	Location	0,0
	Size	1280,780
	Text	校内兼课教师
	StartPosition	CenterScreen
	Icon	资料包：ch1/pic 下选择 Computer 图标或 my 图标（也可自选）
TabControl1	Location	0,0
	Size	1264,768

(2)"教师信息"选项卡设计。

① 打开 jsgl 项目,在"解决方案资源管理器"窗口中双击 xnjk 窗体,在 xnjk 窗体选择"教师信息"选项卡。

② 在"教师信息"选项卡上添加 2 个 GroupBox 控件。GroupBox 控件的属性如表 6-21所示。

表 6-21 GroupBox 控件的属性

对象名称	属性	属性值	对象名称	属性	属性值
GroupBox1	Location	16,24	GroupBox2	Location	2,160
	Size	968,100		Size	992,544
	Text	基本操作		Text	教师信息

③ 在 GroupBox1 控件上添加 8 个 Button 控件,在 GroupBox2 控件上添加 1 个 Button 控件,分别设置 ForeColor 属性为 Desktop,Button 控件的其他属性如表 6-22 所示。

表 6-22 Button 控件的其他属性

对象名称	属性	属性值	对象名称	属性	属性值
Button1	Name	tjbutton	Button6	Name	dcbutton
	Location	81,18		Location	666,18
	Size	75,23		Size	75,23
	Text	添加		Text	导出 Excel
Button2	Name	xgbutton	Button7	Name	bfbutton
	Location	81,54		Location	666,63
	Size	75,23		Size	75,23
	Text	修改		Text	备份数据
Button3	Name	qdbutton	Button8	Name	tvbutton
	Location	198,36		Location	801,36
	Size	75,23		Size	75,23
	Text	确定		Text	退出
Button4	Name	qxbutton	Button9	Name	xszpbutton
	Location	324,36		Location	18,198
	Size	75,23		Size	99,27
	Text	取消		Text	显示照片
Button5	Name	scbutton			
	Location	441,36			
	Size	75,23			
	Text	删除			

④ 在GroupBox2控件上添加24个Label控件。Label控件的属性如表6-23所示。

表6-23　Label控件的属性

对象名称	属性	属性值	对象名称	属性	属性值
Label1	Location	152,18	Label13	Location	152,136
	Text	教工号		Text	毕业时间
Label2	Location	288,18	Label14	Location	352,136
	Text	任职部门		Text	专业
Label3	Location	520,18	Label15	Location	584,136
	Text	姓名		Text	学位
Label4	Location	688,18	Label16	Location	800,136
	Text	性别		Text	工作时间
Label5	Location	824,18	Label17	Location	152,184
	Text	出生年月		Text	高校教师资格证书发证单位
Label6	Location	152,56	Label18	Location	520,184
	Text	民族		Text	证书获取时间
Label7	Location	312,56	Label19	Location	768,184
	Text	职称		Text	职务
Label8	Location	488,56	Label20	Location	152,224
	Text	职称获取时间		Text	是否双师素质
Label9	Location	696,56	Label21	Location	328,224
	Text	发证单位		Text	任教部门
Label10	Location	152,96	Label22	Location	568,224
	Text	政治面貌		Text	电话
Label11	Location	344,96	Label23	Location	776,224
	Text	最高学历		Text	电子邮箱
Label12	Location	584,96	Label24	Location	152,272
	Text	毕业学校		Text	照片地址

⑤ 在GroupBox2控件上添加15个TextBox控件，分别设置Text属性为空。TextBox控件的其他属性如表6-24所示。

表6-24　TextBox控件的其他属性

对象名称	属性	属性值	对象名称	属性	属性值
TextBox1	Name	jghtextBox	TextBox4	Name	zcsjtextBox
	Location	200,16		Location	584,56
	Size	72,21		Size	90,21
TextBox2	Name	xmtextBox	TextBox5	Name	zcfzdwtextBox
	Location	576,16		Location	768,56
	Size	88,21		Size	208,21
TextBox3	Name	csnytextBox	TextBox6	Name	byxxtextBox
	Location	896,16		Location	653,96
	Size	80,21		Size	315,21

续表

对象名称	属性	属性值	对象名称	属性	属性值
TextBox7	Name	bysjtextBox	TextBox12	Name	zwtextBox
	Location	224,136		Location	803,176
	Size	100,21		Size	108,21
TextBox8	Name	zytextBox	TextBox13	Name	dhtextBox
	Location	408,136		Location	616,224
	Size	136,21		Size	144,21
TextBox9	Name	gzsjtextBox	TextBox14	Name	dzyxtextBox
	Location	859,136		Location	848,224
	Size	100,21		Size	126,21
TextBox10	Name	gxjszgzsdwtextBox	TextBox15	Name	zptextBox
	Location	320,176		Location	232,264
	Size	176,21		Size	430,21
TextBox11	Name	zshqsjtextBox			
	Location	603,176			
	Size	146,21			

⑥ 在 GroupBox2 控件上添加 9 个 ComboBox 控件。ComboBox 控件的属性如表 6-25 所示。

表 6-25 ComboBox 控件的属性

对象名称	属性	属性值
ComboBox1	Name	rzbmcomboBox
	Items	字符串集合编辑器内容为纪委、办公室、干部人事处、宣传处、教务处、学生处、财务处、后勤处、资产管理处、基建处、保卫处、机关党总支、工会、团委、财经系、计算机科学系、旅游系、艺术系、管理系、建筑工程系、基础课部、基础课部、高职研究所、实训中心、图书馆、医院、兴国公司
	Location	360,16
	Size	136,20
ComboBox2	Name	xbcomboBox
	Items	字符串集合编辑器内容为：男、女
	Location	736,16
	Size	63,20
ComboBox3	Name	mzcomboBox
	Items	字符串集合编辑器内容为汉族、蒙古族、回族、满族……
	Location	192,56
	Size	104,20

续表

对象名称	属性	属性值
ComboBox4	Name	zccomboBox
	Items	字符串集合编辑器内容为教授、副教授、讲师、助教、研究员级高级工程师、高级工程师、工程师、助理工程师、技术员、高级实验师、实验师、助理实验师、实验员、研究员级高级会计师、高级会计师、助理会计师、会计员、研究员、副研究员、助理研究员、实习研究员
	Location	360,56
		121,20
ComboBox5	Name	zzmmcomboBox 3
	Items	字符串集合编辑器内容为中国共产党党员、群众……
	Location	224,96
	Size	96,20
ComboBox6	Name	zgxlcomboBox
	Items	字符串集合编辑器内容为博士研究生、硕士研究生、大学本科、专科、专科以下
	Location	416,96
	Size	144,20
ComboBox7	Name	xwcomboBox 6
	Items	字符串集合编辑器内容为博士、硕士、学士、双学士、无
	Location	648,136
	Size	121,20
ComboBox 8	Name	sfsscomboBox
	Items	字符串集合编辑器内容为是、否
	Location	240,224
	Size	81,20
ComboBox9	Name	rjbmcomboBox
	Items	字符串集合编辑器内容为财经系、计算机科学系、旅游系、艺术系、管理系、建筑工程系、基础课部
	Location	392,224
	Size	160,20

⑦ 在GroupBox2控件上添加1个PictureBox控件和1个DataGridView控件。控件的属性如表6-26所示。

表6-26 控件的属性

对象名称	属性	属性值	对象名称	属性	属性值
PictureBox1	Location	9,27	DataGridView1	Location	32,312
	Size	126,162		Size	936,208

(3)"教师查询"选项卡设计。

① 打开jsgl项目,在"解决方案资源管理器"窗口中双击 xnjk 窗体,在 xnjk 窗体选择"教师查询"选项卡。

② 在"教师查询"选项卡上添加 2 个 GroupBox 控件，分别设置 BackColor 属性为 Control，设置 ForeColor 属性为 Desktop，GroupBox 控件的其他属性如表 6-27 所示。

表 6-27 GroupBox 控件的其他属性

对象名称	属性	属性值	对象名称	属性	属性值
GroupBox3	Location	8,16	GroupBox4	Location	720,16
	Size	680,153		Size	264,153
	Text	查询条件		Text	基本操作

③ 在 GroupBox3 控件上添加 5 个 Label 控件。Label 控件的属性如表 6-28 所示。

表 6-28 Label 控件的属性

对象名称	属性	属性值	对象名称	属性	属性值
Label25	Location	27,27	Label28	Location	27,81
	Text	教工号		Text	任职部门
Label26	Location	225,27	Label29	Location	378,81
	Text	姓名		Text	任教部门
Label27	Location	459,27			
	Text	职称			

④ 在 GroupBox3 控件上添加 2 个 TextBox 控件，设置 Text 属性为空。TextBox 控件的其他属性如表 6-29 所示。

表 6-29 TextBox 控件的其他属性

对象名称	属性	属性值	对象名称	属性	属性值
TextBox1	Name	jghtextBoxcx	TextBox2	Name	xmtextBoxcx
	Location	99,27		Location	288,27
	Size	100,21		Size	144,21

⑤ 在 GroupBox3 控件上添加 3 个 ComboBox 控件。控件的属性如表 6-30 所示。

表 6-30 ComboBox 控件的属性

对象名称	属性	属性值
ComboBox1	Name	zccomboBoxcx
	Items	字符串集合编辑器内容为教授、副教授、讲师、助教、研究员级高级工程师、高级工程师、工程师、助理工程师、技术员、高级实验师、实验师、助理实验师、实验员、研究员级高级会计师、高级会计师、助理会计师、会计员、研究员、副研究员、助理研究员、实习研究员
	Location	513,27
	Size	135,20

续表

对象名称	属性	属性值
ComboBox2	Name	rzbmcomboBoxcx
	Items	字符串集合编辑器内容为纪委、办公室、干部人事处、宣传处、教务处、学生处、财务处、后勤处、资产管理处、基建处、保卫处、机关党总支、工会、团委、财经系、计算机科学系、旅游系、艺术系、管理系、建筑工程系、基础课部、基础课部、高职研究所、实训中心、图书馆、医院、兴国公司
	Location	99,81
	Size	180,20
ComboBox3	Name	rjbmcomboBox
	Items	字符串集合编辑器内容为财经系、计算机科学系、旅游系、艺术系、管理系、建筑工程系、基础课部
	Location	459,81
	Size	189,20

⑥ 在GroupBox4控件上添加4个Button控件。Button控件的属性如表6-18所示。

⑦ 在"教师查询"选项卡中添加一个DataGridView控件。DataGridView控件的属性如表6-31所示。

表6-31 DataGridView控件的属性

对象名称	属性	属性值
DataGridView2	Location	8,186
	Size	952,466

5. "校外兼课教师"页面设计。

(1) 添加选项卡。

① 打开jsgl项目,在"解决方案资源管理器"窗口中双击xwjk窗体。

② 选择工具箱中的"容器"工具组,拖放一个TabControl控件到xwjk窗体上。

③ 选择TabControl1控件的TabPages属性,单击 按钮,打开"TabPage集合编辑器"对话框。

④ 在"TabPage集合编辑器"对话框中,在右面的属性列表框中,分别设置两个TabPage页的Text属性为"教师信息""教师查询",设置BackColor属性为Control,设置ForeColor属性为Desktop,然后单击"确定"按钮。

⑤ 设置xwjk窗体和TabControl控件的属性。xwjk窗体和TabControl控件的属性如表6-32所示。

(2) "教师信息"选项卡设计。

① 打开jsgl项目,在"解决方案资源管理器"窗口中双击xwjk窗体,在xwjk窗体上选择"教师信息"选项卡。

② 在"教师信息"选项卡添加两个GroupBox控件。GroupBox控件的属性如表6-21所示。

表 6-32　xwjk 窗体与 TabControl 控件的属性

对象名称	属　性	属　性　值
xwjk	Location	0,0
	Size	1280,760
	Text	校外兼课教师
	StartPosition	CenterScreen
	Icon	资料包：ch1/pic 下选择 Computer 图标或 my 图标
TabControl1	Location	0,0
	Size	1265,760

③ 在 GroupBox1 控件上添加 8 个 Button 控件，在 GroupBox2 控件上添加 1 个 Button 控件。Button 控件的属性如表 6-22 所示。

④ 在 GroupBox2 控件上添加 30 个 Label 控件。Label 控件的属性如表 6-33 所示。

表 6-33　Label 控件的属性

对象名称	属　性	属　性　值	对象名称	属　性	属　性　值
Label1	Location	152,24	Label14	Location	456,128
	Text	聘任系部		Text	毕业时间
Label2	Location	440,24	Label15	Location	664,128
	Text	教工号		Text	专业
Label3	Location	568,24	Label16	Location	152,160
	Text	姓名		Text	学位
Label4	Location	712,24	Label17	Location	296,160
	Text	性别		Text	职业资格证书
Label5	Location	808,24	Label18	Location	600,160
	Text	出生年月		Text	发证单位
Label6	Location	152,56	Label19	Location	800,160
	Text	工作时间		Text	证书获取时间
Label7	Location	376,56	Label20	Location	152,200
	Text	民族		Text	当前工作单位
Label8	Location	568,56	Label21	Location	464,200
	Text	职称		Text	职务
Label9	Location	720,56	Label22	Location	640,200
	Text	职称获取时间		Text	任职时间
Label10	Location	152,88	Label23	Location	816,200
	Text	职称发证单位		Text	是否双师素质
Label11	Location	472,88	Label24	Location	152,240
	Text	政治面貌		Text	聘任时间
Label12	Location	712,88	Label25	Location	368,240
	Text	最高学历		Text	乘车地点
Label13	Location	152,128	Label26	Location	696,240
	Text	毕业学校		Text	电话

续表

对象名称	属性	属性值	对象名称	属性	属性值
Label27	Location	152,280	Label29	Location	528,280
	Text	电子邮箱		Text	本学期任课
Label28	Location	352,280	Label30	Location	152,320
	Text	本学期		Text	照片地址

⑤ 在 GroupBox2 控件上添加 21 个 TextBox 控件，分别设置 Text 属性为空。TextBox 控件的其他属性如表 6-34 所示。

表 6-34 TextBox 控件的其他属性

对象名称	属性	属性值	对象名称	属性	属性值
TextBox1	Name	jghtextBoxxw	TextBox12	Name	zgzshqsjtextBoxxw
	Location	480,24		Location	888,160
	Size	72,21		Size	88,21
TextBox2	Name	xmtextBoxxw	TextBox13	Name	dqgzdwtextBoxxw
	Location	608,24		Location	248,200
	Size	88,21		Size	200,21
TextBox3	Name	csnytextBoxxw	TextBox14	Name	zwtextBoxxw
	Location	872,24		Location	504,200
	Size	96,21		Size	112,21
TextBox4	Name	gzsjtextBoxxw	TextBox15	Name	rzsjtextBoxxw
	Location	216,56		Location	704,200
	Size	136,21		Size	100,21
TextBox5	Name	zcsjtextBoxxw	TextBox16	Name	prsjtextBoxxw
	Location	800,56		Location	224,240
	Size	136,21		Size	120,21
TextBox6	Name	zcfzdwtextBoxxw	TextBox17	Name	ccddtextBoxxw
	Location	232,88		Location	456,240
	Size	224,21		Size	216,21
TextBox7	Name	byxxtextBoxxw	TextBox18	Name	dhtextBoxxw
	Location	216,120		Location	752,240
	Size	216,21		Size	216,21
TextBox8	Name	bysjtextBoxxw	TextBox19	Name	dzyxtextBoxxw
	Location	520,120		Location	216,272
	Size	120,21		Size	126,21
TextBox9	Name	zytextBoxxw	TextBox20	Name	bxqrktextBoxxw
	Location	696,120		Location	600,280
	Size	280,21		Size	368,21
TextBox10	Name	zyzgzstextBoxxw	TextBox21	Name	zptextBoxxw
	Location	384,160		Location	224,320
	Size	208,21		Size	430,21
TextBox11	Name	zgzsfzdwtextBoxxw			
	Location	664,160			
	Size	128,21			

⑥ 在 GroupBox2 控件上添加 9 个 ComboBox 控件。ComboBox 控件的属性如表 6-35 所示。

表 6-35 ComboBox 控件的属性

对象名称	属 性	属 性 值
ComboBox1	Name	prxbcomboBoxxw
	Items	字符串集合编辑器内容为财经系、计算机科学系、旅游系、艺术系、管理系、建筑工程系、基础课部
	Location	224,24
	Size	200,20
ComboBox2	Name	xbcomboBoxxw
	Items	字符串集合编辑器内容为男、女
	Locatio	752,24
	Size	48,20
ComboBox3	Name	mzcomboBoxxw
	Items	字符串集合编辑器内容为汉族、蒙古族、回族、满族……
	Location	416,56
	Size	135,20
ComboBox4	Name	zccomboBoxxw
	Items	字符串集合编辑器内容为教授、副教授、讲师、助教、研究员级高级工程师、高级工程师、工程师、助理工程师、技术员、高级实验师、实验师、助理实验师、实验员、研究员级高级会计师、高级会计师、助理会计师、会计员、研究员、副研究员、助理研究员、实习研究员
	Location	600,56
	Size	108,20
ComboBox5	Name	zzmmcomboBoxxw
	Items	字符串集合编辑器内容为中国共产党党员、群众……
	Location	536,88
	Size	152,20
ComboBox6	Name	zgxlcomboBoxxw
	Items	字符串集合编辑器内容为博士研究生、硕士研究生、大学本科、专科、专科以下
	Location	784,88
	Size	184,20
ComboBox7	Name	xwcomboBoxxw
	Items	字符串集合编辑器内容为博士、硕士、学士、双学士、无
	Location	200,160
	Size	72,20
ComboBox8	Name	sfsscomboBoxxw
	Items	字符串集合编辑器内容为是、否
	Location	912,200
	Size	56,20

续表

对象名称	属性	属性值
ComboBox9	Name	bxqcomboBoxxw
	Items	字符串集合编辑器内容为 09-10-1、09-10-2、10-11-1、10-11-2、11-12-1、11-12-2、12-13-1、12-13-2、13-14-1、13-14-2、14-15-1、14-15-2、15-16-1、15-16-2、16-17-1、16-17-2
	Location	408,280
	Size	104,20

⑦ 在 GroupBox2 控件上添加 1 个 PictureBox 控件和 1 个 DataGridView 控件。控件的属性如表 6-36 所示。

表 6-36 控件的属性

对象名称	属性	属性值	对象名称	属性	属性值
PictureBox1	Location	9,27	DataGridView1	Location	21,359
	Size	126,162		Size	946,160

(3) "教师查询"选项卡设计。

① 打开 jsgl 项目，在"解决方案资源管理器"窗口中双击 xwjk 窗体，在 xwjk 窗体上选择"教师查询"选项卡。

② 在"教师查询"选项卡上添加 2 个 GroupBox 控件，分别设置 BackColor 属性为 Control，设置 ForeColor 属性为 Desktop，GroupBox 控件的其他属性如表 6-27 所示。

③ 在 GroupBox3 控件上添加 6 个 Label 控件。分别设置 BackColor 属性为 Control，设置 ForeColor 属性为 Desktop，Label 控件的其他属性如表 6-37 所示。

表 6-37 Label 控件的其他属性

对象名称	属性	属性值	对象名称	属性	属性值
Label31	Location	24,32	Label34	Location	24,80
	Text	聘任系部		Text	职称
Label32	Location	272,32	Label35	Location	264,80
	Text	教工号		Text	双师素质
Label33	Location	456,32	Label36	Location	456,80
	Text	姓名		Text	本学期

④ 在 GroupBox3 控件上添加 2 个 TextBox 控件，设置 Text 属性为空。TextBox 控件的属性如表 6-38 所示。

表 6-38 TextBox 控件的属性

对象名称	属性	属性值	对象名称	属性	属性值
TextBox1	Name	jghtextBox	TextBox2	Name	xmtextBox
	Location	328,25		Location	505,25
	Size	100,21		Size	128,21

⑤ 在 GroupBox3 控件上添加 4 个 ComboBox 控件。ComboBox 控件的属性如表 6-39 所示。

表 6-39 ComboBox 控件的属性

对象名称	属性	属性值
ComboBox1	Name	prxbcomboBoxxwcx
	Items	字符串集合编辑器内容为财经系、计算机科学系、旅游系、艺术系、管理系、建筑工程系、基础课部
	Location	96,25
	Size	160,20
ComboBox2	Name	zccomboBoxcx
	Items	字符串集合编辑器内容为教授、副教授、讲师、助教、研究员级高级工程师、高级工程师、工程师、助理工程师、技术员、高级实验师、实验师、助理实验师、实验员、研究员级高级会计师、高级会计师、助理会计师、会计员、研究员、副研究员、助理研究员、实习研究员
	Location	65,80
	Size	192,20
ComboBox3	Name	sfsscomboBoxcx
	Items	字符串集合编辑器内容为是、否
	Location	336,80
	Size	96,20
ComboBox4	Name	bxqcomboBoxxwcx
	Items	字符串集合编辑器内容为 09-10-1、09-10-2、10-11-1、10-11-2、11-12-1、11-12-2、12-13-1、12-13-2、13-14-1、13-14-2、14-15-1、14-15-2、15-16-1、15-16-2、16-17-1、16-17-2
	Location	512,80
	Size	121,20

⑥ 在 GroupBox4 控件上添加 4 个 Button 控件。Button 控件的属性如表 6-18 所示。

⑦ 在"教师查询"选项卡上添加 1 个 DataGridView 控件。DataGridView 控件的属性如表 6-40 所示。

表 6-40 DataGridView 控件的属性

对象名称	属性	属性值
DataGridView2	Location	8,180
	Size	976,426

6. "教师变动"界面设计。

(1) 打开 jsgl 项目,在"解决方案资源管理器"窗口中双击 jsbd 窗体。

(2) 在 jsbd 窗体上添加 2 个 GroupBox 控件,分别设置 BackColor 属性为 Control,设置 ForeColor 属性为 Desktop。jsbd 窗体和 GroupBox 控件的属性如表 6-41 所示。

项目6 教师信息管理系统功能模块界面设计

表 6-41 jsbd 窗体与 GroupBox 控件的属性

对象名称	属性	属性值
jsbd	Location	0,0
	Size	1280,780
	Text	教师变动
	StartPosition	CenterScreen
	Icon	资料包：ch1/pic 下选择 Computer 图标（C：\Program Files\Microsoft Visual Studio 8\Common7\VS2005ImageLibrary\VS2005ImageLibrary\icons\Misc 下选择 Computer 图标）或 my 图标
GroupBox1	Location	18,27
	Size	968,100
	Text	基本操作
GroupBox2	Location	18,152
	Size	968,176
	Text	教师变动

（3）在 GroupBox1 控件上添加 8 个 Button 控件，分别设置 ForeColor 属性为 Desktop，设置 Size 属性为"75,23"，Button 控件的其他属性如表 6-22 所示。

（4）在 GroupBox2 控件上添加 12 个 Label 控件，分别设置 ForeColor 属性为 Desktop，Label 控件的其他属性如表 6-42 所示。

表 6-42 Label 控件的其他属性

对象名称	属性	属性值	对象名称	属性	属性值
Label1	Location	40,32	Label7	Location	464,80
	Text	姓名		Text	工作时间
Label2	Location	256,32	Label8	Location	688,80
	Text	性别		Text	原部门
Label3	Location	456,32	Label9	Location	40,128
	Text	出生年月		Text	变动时间
Label4	Location	712,32	Label10	Location	256,128
	Text	最高学历		Text	变动情况
Label5	Location	40,80	Label11	Location	472,128
	Text	学位		Text	现单位
Label6	Location	256,80	Label12	Location	746,128
	Text	职称		Text	电话

（5）在 GroupBox2 控件上添加 6 个 TextBox 控件，分别设置 Text 属性为空。TextBox 控件的其他属性如表 6-43 所示。

（6）在 GroupBox2 控件上添加 6 个 ComboBox 控件。ComboBox 控件的属性如表 6-44 所示。

表 6-43 TextBox 控件的其他属性

对象名称	属性	属性值	对象名称	属性	属性值
TextBox1	Name	xmtextBox	TextBox4	Name	bdsjtextBox
	Location	88,32		Location	104,128
	Size	136,21		Size	128,21
TextBox2	Name	csnytextBox	TextBox5	Name	xdwtextBox
	Location	536,32		Location	528,128
	Size	136,21		Size	192,21
TextBox3	Name	gzsjtextBox	TextBox6	Name	dhtextBox
	Location	536,80		Location	792,128
	Size	112,21		Size	152,21

表 6-44 ComboBox 控件的属性

对象名称	属性	属性值
ComboBox1	Name	xbcomboBox
	Items	字符串集合编辑器内容为男、女
	Location	296,32
	Size	121,20
ComboBox2	Name	xlcomboBox
	Items	字符串集合编辑器内容为博士研究生、硕士研究生、大学本科、专科、专科以下
	Location	792,32
	Size	146,20
ComboBox3	Name	xwcomboBox
	Items	字符串集合编辑器内容为博士、硕士、学士、双学士、无
	Location	88,80
	Size	121,20
ComboBox4	Name	zccomboBox
	Items	字符串集合编辑器内容为教授、副教授、讲师、助教、研究员级高级工程师、高级工程师、工程师、助理工程师、技术员、高级实验师、实验师、助理实验师、实验员、研究员级高级会计师、高级会计师、助理会计师、会计员、研究员、副研究员、助理研究员、实习研究员
	Location	304,80
	Size	146,20
ComboBox5	Name	ybmcomboBox
	Items	字符串集合编辑器内容为财经系、计算机科学系、旅游系、艺术系、管理系、建筑工程系、基础课部
	Location	746,80
	Size	200,20
ComboBox6	Name	bdqkcomboBox
	Items	字符串集合编辑器内容为退休、调出
	Location	320,128
	Size	121,20

(7) 在 jsbd 窗体上添加 1 个 DataGridView 控件。DataGridView 控件的属性如表 6-45 所示。

表 6-45 DataGridView 控件的属性

对象名称	属　　性	属　性　值
DataGridView1	Location	16,350
	Size	976,384

习题

一、选择题

1. 关于 ListBox 控件，下列叙述不正确的是（　　）。
   A. Add 方法用于向列表框中添加一个项目
   B. Clear 方法用于清除列表框中的所有项
   C. Sorted 属性的默认值为 False
   D. ItemsCount 属性用于返回列表项

2. 关于 CheckedListBox 控件，下列叙述不正确的是（　　）。
   A. CheckedListBox 控件又称复选列表框
   B. 每个选项前面有一个复选框
   C. CheckedListBox 控件又称组合框
   D. CheckedListBox 控件是由 ListBox 类继承而来

3. 关于 ComboBox 控件，下列叙述不正确的是（　　）。
   A. ComboBox 控件又称组合框
   B. ComboBox 控件分两个部分显示
   C. ComboBox 控件顶部是一个允许输入文本的文本框
   D. Add 方法的调用格式：ComboBox 对象名.Add(项目)；

二、填空题

1. 列表类控件包括_____控件、_____控件、_____控件。
2. 选择 TabControl 控件的_____属性，可进入"TabPage 集合编辑器"。
3. 要使 GroupBox 控件不可见，则将_____属性设置为_____。

项目 7

教师信息管理系统数据库编程

本项目主要介绍教师信息管理系统数据库访问技术,主要学习 ADO.NET 概述、SQL 语言、编程访问、数据工具、数据绑定的基本知识和实际应用方法。

任务 7.1 ADO.NET 的认知

7.1.1 ADO.NET 体系结构

ADO.NET 是微软提供的面向 ADO(ActiveX Data Object,ActiveX 数据对象)、基于 .NET 框架结构的数据访问技术。ADO.NET 是数据库应用程序和数据源间沟通的桥梁,主要提供一个面向对象的数据存取架构,用来开发数据库应用程序。

ADO.NET 是在 .NET Framework 上存取数据库的一组类库,它包含 .NET Framework 数据提供程序以进行数据库的连接与存取,通过 ADO.NET 能够使用各种对象来存取数据库的内容。利用 ADO.NET 提供的对象,通过 SQL(Structured Query Language,结构化查询语言)语法可以存取数据库内的数据。

ADO.NET 可以将数据库内的数据以 XML(Extensible Markup Language,可扩展标记语言)格式传送到客户端(Client)的 DataSet 对象中,此时客户端可以和数据库服务器端离线,当客户端程序对数据进行新增、修改、删除等动作后,再和数据库服务器连接,将数据送回数据库服务器端完成更新的操作。

ADO.NET 架构由 .NET Framework 数据提供程序和 DataSet 两大部分组成。ADO.NET 将存取数据和数据处理分开,达到离线存取数据的目的,使得数据库能够执行其他工作。可以避免客户端和数据库服务器连接后,当客户端不对数据库服务器作任何动作时,却一直占用数据库服务器的资源。

ADO.NET 的主要特点如下。

(1) 支持 XML 标准。
(2) 支持 N 层编程。
(3) ADO.NET 能在断开与数据源连接的环境下工作。

7.1.2 .NET Framework 数据提供程序

.NET Framework 数据提供程序是指存取数据源的一组类库。.NET Framework 数据提供程序有 4 种,如表 7-1 所示。

表 7-1 .NET Framework 数据提供程序

数据提供程序	说 明
SQL Server.NET Framework 数据提供程序	提供对 Microsoft SQL Server 7.0 及 2000 以上版本的数据访问,使用 System.Data.SqlClient 命名空间
OLE DB.NET Framework 数据提供程序	提供对 OLE DB 公开的数据源的数据访问,使用 System.Data.OleDb 命名空间
ODBC.NET Framework 数据提供程序	提供对 ODBC 公开的数据源的数据访问,使用 System.Data.Odbc 命名空间
Oracle.NET Framework 数据提供程序	提供对 Oracle 数据源的数据访问,使用 System.Data.OracleClient 命名空间

.NET Framework 数据提供程序提供了 4 个对象,如表 7-2 所示。

表 7-2 .NET Framework 数据提供程序对象

对象名称	说 明
Connection	建立与数据源的连接
Command	提供存取数据库命令
DataAdapter	担任 DataSet 对象和数据源间的桥梁。DataAdapter 使用 4 个 Command 对象来执行查询、新增、删除的 SQL 命令,把数据加载到 DataSet 中,或者把 DataSet 内的数据更新返回数据源
DataReader	通过 Command 对象执行 SQL 查询命令取得数据,进行只读的数据浏览

通过 Connection 对象可与指定的数据库进行连接,Command 对象用于执行相关的 SQL 命令,以读取或修改数据库中的数据,通过 DataAdapter 对象内提供的 4 个 Command 成员来进行离线式的数据存取,这 4 个 Command 成员分别为 SelectCommand、InsertCommand、UpdateCommand、DeleteCommand,其中 SelectCommand 用来将数据库中的数据读出并放到 DataSet 对象中,以便进行离线式的数据存取,其他 3 个对象则是用于将 DataSet 中的数据修改,并返回数据库。

7.1.3 DataSet

DataSet 是 ADO.NET 离线数据存取结构中的核心对象,其功能主要是在内存中暂存并处理各种从数据源中所取回的数据。DataSet 是一个存放在内存中的数据暂存区,在断开与数据库的连接时,DataSet 能完成数据的新增、修改、删除、查询等操作,通过 DataAdapter 对象与数据库做数据交换。DataSet 可以用于存取多个不同的数据源、XML 数据或者管理应用程序本地的数据。

DataSet 包含一个或多个不同的 DataTable 对象,这些数据表是由数据记录和数据字段组成,并包含主键、外键、数据表间的关联信息以及数据格式的条件限制,多个 DataTable 组成了 DataTableCollection 集合对象。DataSet 包含一个或多个不同的 DataRelation 对象,多个 DataRelation 对象组成了 DataRelationCollection 集合对象。

DataSet 的对象模型如图 7-1 所示。

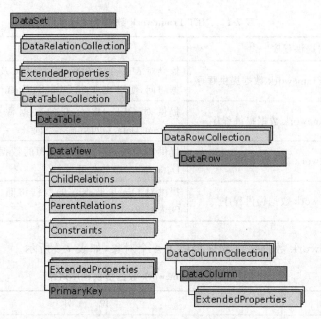

图 7-1　DataSet 的对象模型

任务 7.2　SQL 语言的认知

SQL 语言是结构化查询语言,它是一种通用的关系数据库语言。SQL 语言包括数据定义、数据操作、数据控制 3 部分内容,下面只介绍数据操作部分。

1. 数据查询

数据查询是数据库的核心操作。从数据库中获取数据称为数据查询,数据查询使用 SELECT 语句,SELECT 语句的语法形式如下:

```
SELECT[ ALL | DISTINCT]<字段列表>
FROM <表名>
[WHERE<条件表达式>]
[GROUP BY<列名>[HAVING<条件表达式>]]
[ORDER BY<列名>[ASC | DESC]]
```

按照 WHERE 子句的条件表达式,从 FROM 子句指定的表中查询数据。

ALL 表示值相同的记录也包含在结果中,是默认设置;DISTINCT 表示对于相同记录只包含第一条记录;字段列表为 * 表示查询表中所有字段;GROUP BY 用来指定按照哪些列分组,以便进行统计;HAVING 用来指定在分组的查询中的信息;ASC 表示升序,DESC 表示降序,默认为升序。

2. 插入记录

插入记录使用 INSERT 语句，INSERT 语句的语法形式如下：

INSERT INTO<表名>[(字段列表)] VALUES(表达式列表)

将表达式中的值插入"表名"指定的表中，其中"表达式列表"和"字段列表"相对应。

3. 修改记录

插入记录使用 UPDATE 语句，UPDATE 语句的语法形式如下：

UPDATE<表名>
SET<字段名>＝<表达式>…
[WHERE<条件表达式>]

修改表中满足 WHERE 子句条件表达式中条件的记录的属性值。若省略 WHERE 子句，则表示要修改所有属性列的值。

4. 删除记录

删除记录使用 DELETE 语句，DELETE 语句的语法形式如下：

DELETE FROM<表名>[WHERE<条件表达式>]

从表中删除满足 WHERE 子句条件表达式中条件的记录，若省略 WHERE 子句，则表示要删除表中所有记录。

任务 7.3　访问数据库

7.3.1　编程访问

使用 ADO.NET 对象和 SQL 语言建立数据库应用程序。

1. 引用 ADO.NET 命名空间

1) System.Data

System.Data 命名空间是 ADO.NET 命名空间的核心。DataSet 类位于 System.Data 命名空间中，若在程序中使用 DataSet 类，必须在程序的最开头引用此命名空间，其引用形式如下：

using System.Data;

2) System.Data.OleDb

System.Data.OleDb 命名空间建立与 OLE DB 类型的数据源的连接，数据源包括 Access、Excel、SQL Server 7.0 以下版本的数据库。若在程序中使用这些类型的数据库，必须在程序的最开头引用此命名空间，其引用形式如下：

using System.Data.OleDb;

在 OLE DB.NET Data Provider 下，所用的 ADO.NET 对象名称前面必须加上 OleDb，如 OleDbConnection、OleDbCommand、OleDbDataReader 等。

3) System.Data.SqlClient

System.Data.SqlClient 命名空间建立与 SQL Server 7.0 及以上版本的数据库，使用该类型可以直接与 SQL Server 连接。若在程序中使用该类型的数据库，必须在程序的最开头引用此命名空间，其引用形式如下：

```
using System.Data.SqlClient;
```

在 SQL.NET Data Provider 下所用的 ADO.NET 对象名称前面必须加上 Sql，如 SqlConnection、SqlCommand、SqlDataReader 等。

2. 运用 Connection 对象建立与数据库的连接

ADO.NET 提供的 Connection 对象主要用来与数据库建立连接。Connection 对象提供下列两种常用方法。

Open 方法：用来建立并打开一个数据库的连接。

Close 方法：将数据库的连接关闭。

（1）引用 System.Data.OleDb 命名空间建立与数据库的连接。

连接程序如下：

```
using System.Data;                    //引用命名空间
using System.Data.OleDb; … …          //引用命名空间
string connStr =          //声明一个字符串变量存放数据库的连接字符串，指定数据库所在的路径
          "Provider = Microsoft.Jet.OLEDB.4.0;Data Source = 数据库";
OleDbConnection conn ;                //声明连接对象
conn = new OleDbConnection(connStr);
conn.Open();                          //打开与数据库的连接
conn.Close();                         //完成数据库存取后关闭与数据库的连接
```

（2）引用 System.Data.SqlClient 命名空间建立与数据库的连接。

连接程序如下：

```
using System.Data;                    //引用命名空间
using System.Data.SqlClient;          //引用命名空间
SqlConnection conn;                   //声明连接对象
string connStr =                      //声明一个字符串变量存放数据库的连接字符串
"Server = localhost; database = 数据库名称; uid = sa; pwd = ;";
conn = new SqlConnection(connStr);
conn.Open();                          //打开与数据库的连接
conn.Close();                         //完成数据库存取后关闭与数据库的连接
```

SqlConnection 对象连接字符串的参数设置说明如下。

server：可指定数据库的服务器名称、IP 地址、localhost（代表本机）。

database：SOL Server 数据库的名称。

uid：数据库连接账号，sa 表示 SQL 数据库管理者账号。

pwd：数据库连接密码。

若 uid 与 pwd 都不加，则表示使用当前登录系统的 Windows 账号来连接 SQL Server，如果在 ASP.NET 网页（Web Form）中，则使用 ASP.NET 这个账号。各项参数名称不区分大小写。

3. 运用 DataSet 对象读取数据

运用 DataSet 对象读取数据必须使用 DataAdapter 对象，DataAdapter 对象是数据库和 DataSet 之间沟通的桥梁。DataAdapter 对象使用 Command 对象执行 SQL 命令，将从数据库获取的数据送到 DataSet，此时便可使用 DataTable 对象来存取数据表，将 DataSet 里面的数据经过处理后再传送回数据库。

使用 DataAdapter 对象的 Fill() 方法，Connection 对象会自动打开及关闭与数据库的连接，不必使用 Connection 对象的 Open 及 Close 方法来打开与关闭数据库的连接。运用 DataSet 对象读取数据程序如下：

```
string selectCmd;
string connStr =
        "Provider = Microsoft.Jet.OLEDB.4.0;Data Source = 数据库";
selectCmd = "Select * From 表名";
DataSet d = new DataSet();                //建立 DataSet 对象
OleDbConnection conn ;
OleDbDataAdapter a ;                      //声明 DataAdapter 对象
conn = new OleDbConnection(connStr);
a = new OleDbDataAdapter(selectCmd, conn);  //建立 DataAdapter 对象
a.Fill(d,"DataSet 中的表名");              //使用 Fill 方法将查询结果放到 DataSet 对象中
```

若 DataTable 对象指定给 DataGridView 控件的 DataSource 属性，则 DataGridView 控件会显示该 DataTable 对象中的所有数据，其程序如下：

```
dataGridView1.DataSource = d.Tables["DataSet 中的表名"];
```

或

```
dataGridView1.DataSource = d;
dataGridView1.DataMember = "DataSet 中的表名";
```

【例 7-1】 编写程序，实现将 DataSet 的数据显示在 DataGridView 控件上。

使用 DataSet 对象取得 student.mdb 数据库中 xs 表的数据，显示在 DataGridView 控件上。student 数据库中的 xs 表如表 7-3 所示。

表 7-3 student 数据库中的 xs 表

字 段	说 明	类 型	字段大小	备 注
xh	学号	文本	20	主键
xm	姓名	文本	8	可为空
xb	性别	文本	2	可为空
csny	出生年月	文本	12	可为空
syd	生源地	文本	20	可为空

程序运行结果如图 7-2 所示。

【操作】

(1) 新建项目 vcs7_1，在 Form1 窗体上建立 1 个 DataGridView 控件和 1 个 Label 控件。

图 7-2 例 7-1 运行界面

（2）建立 student.mdb 数据库，将数据库复制到当前项目\bin\Debug 下。

（3）设置 Label1 控件的 Text 属性为"学生信息"；选择 DataGridView 控件的 Columns 属性，单击 按钮，打开"编辑列"对话框，如图 7-3 所示。

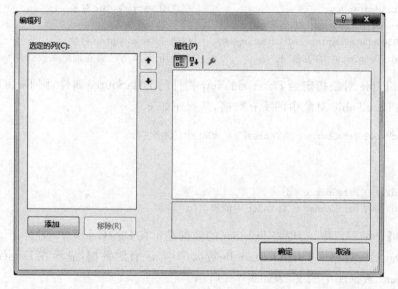

图 7-3 "编辑列"对话框

（4）在"编辑列"对话框中，单击"添加"按钮，添加 5 个列，在右面的属性列表框中，分别设置 DataPropertyName 属性为 xh、xm、xb、csny、syd，分别设置 HeaderText 属性为"学号""姓名""性别""出生年月""生源地"，如图 7-4 所示，然后单击"确定"按钮。

（5）编写如下代码。

```
using System.Data.OleDb;
private void Form1_Load(object sender, EventArgs e)
{
    string selectCmd;
    string connStr =
        "Provider = Microsoft.Jet.OLEDB.4.0;Data Source = student.mdb";
    selectCmd = "Select * From xs ";
```

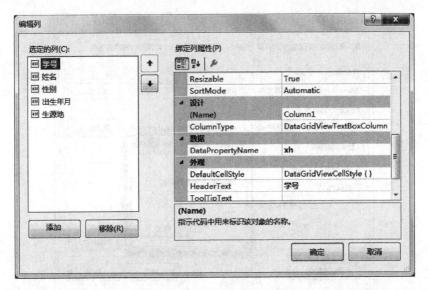

图 7-4　设置属性

```
    DataSet myDataSet = new DataSet();
    OleDbConnection conn;
    OleDbDataAdapter myAdapter;
    conn = new OleDbConnection(connStr);
    myAdapter = new OleDbDataAdapter(selectCmd,conn);
    myAdapter.Fill(myDataSet,"xs");
    dataGridView1.DataSource = myDataSet;
    dataGridView1.DataMember = "xs";
}
```

7.3.2　使用数据工具访问

也可以使用数据设计工具，通过数据源配置向导连接数据库。下面通过实例介绍如何使用数据源配置向导来建立简单的数据库应用程序。

【例 7-2】　使用数据设计工具，实现将 student 数据库中 xs 表的数据显示在 DataGridView 控件上。xs 表如表 7-3 所示。

【操作】

（1）新建项目 vcs7_2，在 Form1 窗体上添加 1 个 DataGridView 控件。

（2）选择"项目"→"添加新数据源"命令，打开"数据源配置向导"对话框。

（3）在数据源配置向导中选择"数据库"数据源类型，单击"下一步"按钮，打开数据源配置向导的选择数据连接对话框。

（4）单击"新建连接"按钮，打开"选择数据源"对话框，设置数据源为"Microsoft Access 数据库文件（OLE DB）"，单击"浏览"按钮选择 student.mdb 数据库文件，单击"测试连接"按钮，打开"测试连接成功"对话框，如图 7-5 所示。单击"确定"按钮，之后在数据源配置向导中单击"下一步"按钮。

（5）选择数据库对象，如图 7-6 所示。

图 7-5 "添加连接"对话框

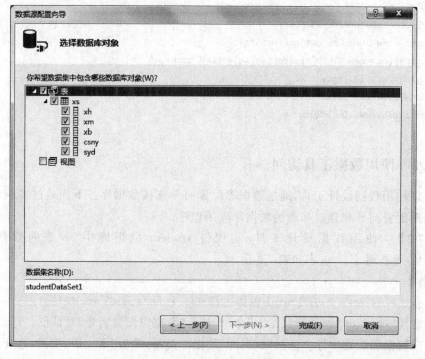

图 7-6 选择数据库对象

(6) 单击"完成"按钮,选择"视图"→"其他窗口"→"数据源"命令,在"数据源"窗口显示数据源,如图 7-7 所示。

(7) 从"数据源"窗口中将 xs 表拖放到 DataGridView 控件中,如图 7-8 所示。

(8) 运行项目,显示数据源中的数据,如图 7-9 所示。

项目7 教师信息管理系统数据库编程

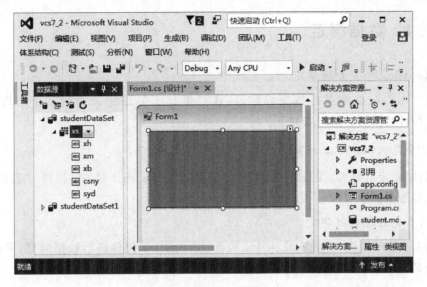

图 7-7 "数据源"窗口

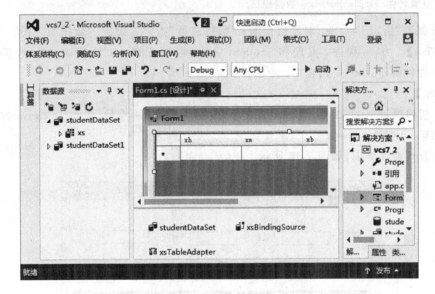

图 7-8 连接数据源

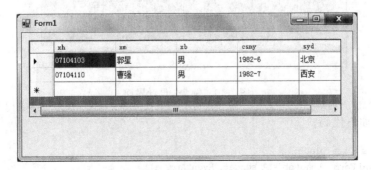

图 7-9 显示数据

任务7.4 数据绑定

1. TextBox控件数据绑定

使用TextBox控件进行数据绑定,一次只能显示一条记录中的某个字段的内容。TextBox控件数据绑定的形式如下:

控件对象名称.DataBindings.Add("属性",数据源,"数据成员");

其中,"属性"指定所要绑定的控件属性;"数据源"指定DataSet对象数据源;"数据成员"指定要绑定的数据源字段。

2. 列表类控件数据绑定

使用ListBox控件、CheckedListBox控件、ComboBox控件进行数据绑定,可以显示所有记录的某一个字段数据。列表类控件数据绑定的形式如下:

控件对象名称.DataSource = 数据源;
控件对象名称.DisplayMember = 数据成员;

其中,"数据源"指定DataSet对象数据源;"数据成员"指定要绑定的数据源字段。

【例7-3】 编写程序,实现将student.mdb数据库的xs数据表中的数据记录与TextBox控件绑定。xs表如表7-3所示。

【操作】

(1)新建项目vcs7_3,在Form1窗体上建立5个Label控件、5个TextBox控件、1个DataGridView控件。

(2)设计窗体界面,如图7-10所示。

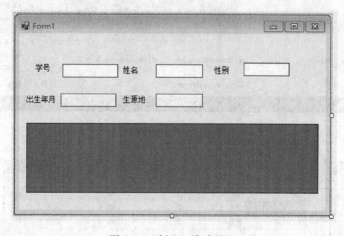

图7-10 例7-3设计界面

(3)编写如下代码。

```
using System.Data.OleDb;
private void Form1_Load(object sender, EventArgs e)
{
```

```
        string selectCmd;
        string connStr =
            "Provider = Microsoft.Jet.OLEDB.4.0;Data Source = student.mdb";
        selectCmd = "Select * From xs ";
        DataSet myDataSet = new DataSet();
        OleDbConnection conn;
        OleDbDataAdapter myAdapter;
        conn = new OleDbConnection(connStr);
        myAdapter = new OleDbDataAdapter(selectCmd, conn);
        myAdapter.Fill(myDataSet, "xs");
        textBox1.DataBindings.Add("Text", myDataSet,"xs.xh");
        textBox2.DataBindings.Add("Text", myDataSet, "xs.xm");
        textBox3.DataBindings.Add("Text", myDataSet, "xs.xb");
        textBox4.DataBindings.Add("Text", myDataSet, "xs.csny");
        textBox5.DataBindings.Add("Text", myDataSet, "xs.syd");
        dataGridView1.DataSource = myDataSet;
        dataGridView1.DataMember = "xs";
}
```

(4) 运行程序。运行界面如图 7-11 所示。

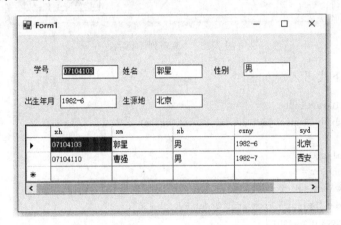

图 7-11 例 7-3 运行界面

任务 7.5 "校内专任教师"模块数据库编程

7.5.1 编程访问

(1) 打开 jsgl 项目,在"解决方案资源管理器"窗口中双击 zrjs 窗体。

(2) 建立项目 3 的 jsglxt 数据库,将 jsglxt 数据库复制到当前项目\bin\Debug 下。

(3) 选择 DataGridView 控件的 Columns 属性,单击 按钮,打开"编辑列"对话框。

(4) 在"编辑列"对话框中,单击"添加"按钮,添加 24 个列,在右面的属性列表框中,分别设置 DataPropertyName 属性为 jgh、xm、xb、csny、mz、zc、zcsj、fzdw、zzmm、zgxl、byxx、bysj、zy、xw、gzsj、zyzgzs、zsfzdw、zshqsj、sfss、dh、dzyx、jys、bm、zp,分别设置 HeaderText 属性为"教工号""姓名""性别""出生年月""民族""职称""职称获取时间""发证单位""政治面

貌""最高学历""毕业学校""毕业时间""专业""学位""工作时间""职业资格证书""证书发证单位""证书获取时间""是否双师""电话""电子邮箱""教研室""部门""照片地址",如图 7-12 所示。

图 7-12 "编辑列"对话框

(5)编写如下代码。

```
using System.Data.OleDb;
private void zrjs_Load(object sender, EventArgs e)
{
    string selectCmd;
    string connStr =
        "Provider = Microsoft.Jet.OLEDB.4.0;Data Source = jsglxt.mdb";
    selectCmd = "Select * From zrjs Order By jgh ASC";
    OleDbConnection conn;
    OleDbDataAdapter myAdapter;
    conn = new OleDbConnection(connStr);
    DataSet myDataSet = new DataSet();
    myAdapter = new OleDbDataAdapter(selectCmd, conn);
    myAdapter.Fill(myDataSet,"zrjs");
    dataGridView1.DataSource = myDataSet;
    dataGridView1.DataMember = "zrjs";
}
```

(6)运行程序。运行结果如图 7-13 所示。

7.5.2 数据绑定

(1)打开 jsgl 项目,在"解决方案资源管理器"窗口中双击 zrjs 窗体。

(2)编写程序代码。定义函数 DataSet_Bingding(),实现控件与数据库字段的绑定,在 zrjs_Load()中调用此函数,由于在 zrjs_Load()和函数中均使用 DataSet 对象,因此,将

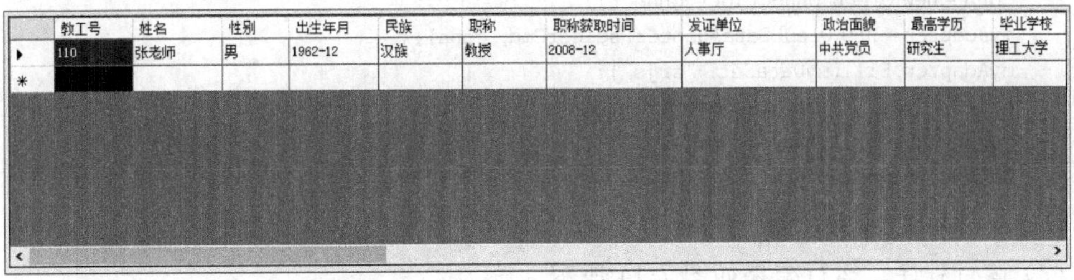

图 7-13 "校内专任教师"模块编程访问数据库运行结果

DataSet 对象定义为全局变量。编写程序代码如下。

```
using System.Data.OleDb;
private DataSet myDataSet = new DataSet();
private void DataSet_Bingding()
{
    jghtextBox.DataBindings.Add("Text", myDataSet, "zrjs.jgh");
    xmtextBox.DataBindings.Add("Text", myDataSet, "zrjs.xm");
    xbcomboBox.DataBindings.Add("Text", myDataSet, "zrjs.xb");
    csnytextBox.DataBindings.Add("Text", myDataSet, "zrjs.csny");
    mzcomboBox.DataBindings.Add("Text", myDataSet, "zrjs.mz");
    zzmmcomboBox.DataBindings.Add("Text", myDataSet, "zrjs.zzmm");
    zccomboBox.DataBindings.Add("Text", myDataSet, "zrjs.zc");
    zcsjtextBox.DataBindings.Add("Text", myDataSet, "zrjs.zcsj");
    zcfzdwtextBox.DataBindings.Add("Text", myDataSet, "zrjs.fzdw");
    zgxlcomboBox.DataBindings.Add("Text", myDataSet, "zrjs.zgxl");
    byxxtextBox.DataBindings.Add("Text", myDataSet, "zrjs.byxx");
    bysjtextBox.DataBindings.Add("Text", myDataSet, "zrjs.bysj");
    zytextBox.DataBindings.Add("Text", myDataSet, "zrjs.zy");
    xwcomboBox.DataBindings.Add("Text", myDataSet, "zrjs.xw");
    gzsjtextBox.DataBindings.Add("Text", myDataSet, "zrjs.gzsj");
    zyzgzstextBox.DataBindings.Add("Text", myDataSet, "zrjs.zyzgzs");
    zgzsfzdwtextBox.DataBindings.Add("Text", myDataSet, "zrjs.zsfzdw");
    zgzssjtextBox.DataBindings.Add("Text", myDataSet, "zrjs.zshqsj");
    sfsscomboBox.DataBindings.Add("Text", myDataSet, "zrjs.sfss");
    dhtextBox.DataBindings.Add("Text", myDataSet, "zrjs.dh");
    dzyxtextBox.DataBindings.Add("Text", myDataSet, "zrjs.dzyx");
    jyscomboBox.DataBindings.Add("Text", myDataSet, "zrjs.jys");
    bmcomboBox.DataBindings.Add("Text", myDataSet, "zrjs.bm");
    zpdztextBox.DataBindings.Add("Text", myDataSet, "zrjs.zp");
}

private void zrjs_Load(object sender, EventArgs e)
{
    string selectCmd;
    string connStr =
        "Provider = Microsoft.Jet.OLEDB.4.0;Data Source = jsglxt.mdb";
    selectCmd = "Select * From zrjs Order By jgh ASC";
    OleDbConnection conn;
    OleDbDataAdapter myAdapter;
```

```
            conn = new OleDbConnection(connStr);
            myAdapter = new OleDbDataAdapter(selectCmd, conn);
            myAdapter.Fill(myDataSet, "zrjs");
            dataGridView1.DataSource = myDataSet;
            dataGridView1.DataMember = "zrjs";
            DataSet_Bingding();
        }
```

（3）运行程序。运行结果如图 7-14 所示。

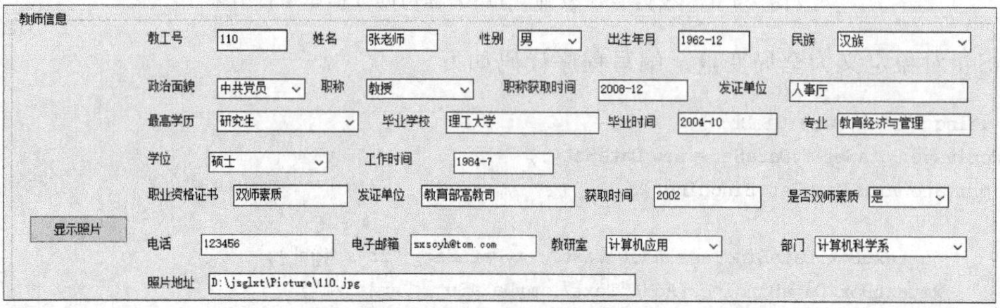

图 7-14 "校内专任教师"模块数据绑定运行结果

项目拓展实训

一、实训目的

1. 理解 ADO.NET 的概念。
2. 掌握 SQL 语言的应用。
3. 掌握编程访问数据库的方法。
4. 掌握数据工具的应用。
5. 掌握数据绑定的方法。

二、实训内容

1. 见任务 7.5 "'校内专任教师'模块数据库编程"。
2. "校内兼课教师"模块数据库编程。

（1）打开 jsgl 项目，在"解决方案资源管理器"窗口中双击 xnjk 窗体。

（2）建立项目 3 的 jsglxt 数据库，将 jsglxt 数据库复制到当前项目\bin\Debug 下。

（3）选择 DataGridView 控件的 Columns 属性，单击 ... 按钮，进入"编辑列"对话框。

（4）在"编辑列"对话框中，单击"添加"按钮，添加 24 个列，在右面的属性列表框中，分别设置 DataPropertyName 属性为 jgh、rzbm、xm、xb、csny、mz、zc、zcsj、fzdw、zzmm、zgxl、byxx、bysj、zy、xw、gzsj、gxjszgzdw、zshqsj、zw、sfss、bm、dh、dzyx、zp，分别设置 HeaderText 属性为"教工号""任职部门""姓名""性别""出生年月""民族""职称""职称获取时间""发证单位""政治面貌""最高学历""毕业学校""毕业时间""专业""学位""工作时间""教师资格证发证单位""证书获取时间""职务""是否双师""任教部门""电话""电子邮箱""照片地址"。

(5) 编写如下代码。

```csharp
using System.Data.OleDb;
private DataSet myDataSet = new DataSet();
    private void DataSet_Bingding()
{
    jghtextBox.DataBindings.Add("Text", myDataSet, "xnjkjs.jgh");
    rzbmcomboBox.DataBindings.Add("Text", myDataSet, "xnjkjs.rzbm");
    xmtextBox.DataBindings.Add("Text", myDataSet, "xnjkjs.xm");
    xbcomboBox.DataBindings.Add("Text",myDataSet,"xnjkjs.xb");
    csnytextBox.DataBindings.Add("Text", myDataSet, "xnjkjs.csny");
    mzcomboBox.DataBindings.Add("Text",myDataSet,"xnjkjs.mz");
    zccomboBox.DataBindings.Add("Text",myDataSet,"xnjkjs.zc");
    zcsjtextBox.DataBindings.Add("Text", myDataSet, "xnjkjs.zcsj");
    zcfzdwtextBox.DataBindings.Add("Text", myDataSet, "xnjkjs.fzdw");
    zzmmcomboBox.DataBindings.Add("Text",myDataSet,"xnjkjs.zzmm");
    zgxlcomboBox.DataBindings.Add("Text",myDataSet,"xnjkjs.zgxl");
    byxxtextBox.DataBindings.Add("Text", myDataSet, "xnjkjs.byxx");
    bysjtextBox.DataBindings.Add("Text", myDataSet, "xnjkjs.bysj");
    zytextBox.DataBindings.Add("Text", myDataSet, "xnjkjs.zy");
    xwcomboBox.DataBindings.Add("Text",myDataSet,"xnjkjs.xw");
    gzsjtextBox.DataBindings.Add("Text", myDataSet, "xnjkjs.gzsj");
    gxjszgzsdwtextBox.DataBindings.Add("Text", myDataSet,
    "xnjkjs.gxjszgzdw");
    zshqsjtextBox.DataBindings.Add("Text", myDataSet, "xnjkjs.zshqsj");
    zwtextBox.DataBindings.Add("Text", myDataSet, "xnjkjs.zw");
    sfsscomboBox.DataBindings.Add("Text",myDataSet,"xnjkjs.sfss");
    rjbmcomboBox.DataBindings.Add("Text",myDataSet,"xnjkjs.bm");
    dhtextBox.DataBindings.Add("Text", myDataSet, "xnjkjs.dh");
    dzyxtextBox.DataBindings.Add("Text", myDataSet, "xnjkjs.dzyx");
    zptextBox.DataBindings.Add("Text", myDataSet, "xnjkjs.zp");
}
private void xnjk_Load(object sender, EventArgs e)
{
    string selectCmd ;
    string connStr =
        "Provider = Microsoft.Jet.OLEDB.4.0;Data Source = jsglxt.mdb" ;
    selectCmd = "Select * From xnjkjs Order By jgh ASC";
    OleDbConnection conn ;
    OleDbDataAdapter myAdapter ;
    conn = new OleDbConnection(connStr);
    myAdapter = new OleDbDataAdapter(selectCmd, conn);
    myAdapter.Fill(myDataSet,"xnjkjs");
    DataSet_Bingding();
    dataGridView1.DataSource = myDataSet;
    dataGridView1.DataMember = "xnjkjs";
}
```

3. "校外兼课教师"模块数据库编程。

(1) 打开 jsgl 项目,在"解决方案资源管理器"窗口中双击 xwjk 窗体。

(2) 建立任务 3 的 jsglxt 数据库,将 jsglxt 数据库复制到当前项目\bin\Debug 下。

(3) 选择 DataGridView 控件的 Columns 属性,单击 ... 按钮,打开"编辑列"对话框。

(4) 在"编辑列"对话框中,单击"添加"按钮,添加 30 个列,在右面的属性列表框中,分别设置 DataPropertyName 属性为 prxb、jgh、xm、xb、csny、gzsj、mz、zc、zcsj、fzdw、zzmm、zgxl、byxx、bysj、zy、xw、zyzgzs、zsfzdw、zshqsj、dqgzdw、zw、rzsj、sfss、prsj、ccdd、dh、dzyx、bxq、bxqrk、zp,分别设置"HeaderText"属性为"聘任系部""教工号""姓名""性别""出生年月""工作时间""民族""职称""职称获取时间""发证单位""政治面貌""最高学历""毕业学校""毕业时间""专业""学位""职业资格证书""证书发证单位""证书获取时间""当前工作单位""职务""任职时间""是否双师""聘任时间""乘车地点""电话""电子邮箱""本学期""本学期任课""照片地址"。

(5) 编写如下程序代码。

```csharp
using System.Data.OleDb;
private DataSet myDataSet = new DataSet();
private void DataSet_Bingding()
{
    prxbcomboBoxxw.DataBindings.Add("Text", myDataSet, "xwjkjs.prxb");
    jghtextBoxxw.DataBindings.Add("Text", myDataSet, "xwjkjs.jgh");
    xmtextBoxxw.DataBindings.Add("Text", myDataSet, "xwjkjs.xm");
    xbcomboBoxxw.DataBindings.Add("Text", myDataSet, "xwjkjs.xb");
    csnytextBoxxw.DataBindings.Add("Text", myDataSet, "xwjkjs.csny");
    gzsjtextBoxxw.DataBindings.Add("Text", myDataSet, "xwjkjs.gzsj");
    mzcomboBoxxw.DataBindings.Add("Text", myDataSet, "xwjkjs.mz");
    zccomboBoxxw.DataBindings.Add("Text", myDataSet, "xwjkjs.zc");
    zcsjtextBoxxw.DataBindings.Add("Text", myDataSet, "xwjkjs.zcsj");
    zcfzdwtextBoxxw.DataBindings.Add("Text", myDataSet, "xwjkjs.fzdw");
    zzmmcomboBoxxw.DataBindings.Add("Text", myDataSet, "xwjkjs.zzmm");
    zgxlcomboBoxxw.DataBindings.Add("Text", myDataSet, "xwjkjs.zgxl");
    byxxtextBoxxw.DataBindings.Add("Text", myDataSet, "xwjkjs.byxx");
    bysjtextBoxxw.DataBindings.Add("Text", myDataSet, "xwjkjs.bysj");
    zytextBoxxw.DataBindings.Add("Text", myDataSet, "xwjkjs.zy");
    xwcomboBoxxw.DataBindings.Add("Text", myDataSet, "xwjkjs.xw");
    zyzgzstextBoxxw.DataBindings.Add("Text", myDataSet, "xwjkjs.zyzgzs");
    zgzsfzdwtextBoxxw.DataBindings.Add("Text", myDataSet, "xwjkjs.zsfzdw");
    zgzshqsjtextBoxxw.DataBindings.Add("Text", myDataSet, "xwjkjs.zshqsj");
    dqgzdwtextBoxxw.DataBindings.Add("Text", myDataSet, "xwjkjs.dqgzdw");
    zwtextBoxxw.DataBindings.Add("Text", myDataSet, "xwjkjs.zw");
    rzsjtextBoxxw.DataBindings.Add("Text", myDataSet, "xwjkjs.rzsj");
    sfsscomboBoxxw.DataBindings.Add("Text", myDataSet, "xwjkjs.sfss");
    prsjtextBoxxw.DataBindings.Add("Text", myDataSet, "xwjkjs.prsj");
    ccddtextBoxxw.DataBindings.Add("Text", myDataSet, "xwjkjs.ccdd");
    dhtextBoxxw.DataBindings.Add("Text", myDataSet, "xwjkjs.dh");
    dzyxtextBoxxw.DataBindings.Add("Text", myDataSet, "xwjkjs.dzyx");
    bxqcomboBoxxw.DataBindings.Add("Text", myDataSet, "xwjkjs.bxq");
    bxqrktextBoxxw.DataBindings.Add("Text", myDataSet, "xwjkjs.bxqrk");
    zptextBoxxw.DataBindings.Add("Text", myDataSet, "xwjkjs.zp");
```

```csharp
}
private void xwjk_Load(object sender, EventArgs e)
{
    string selectCmd;
    string connStr =
        "Provider=Microsoft.Jet.OLEDB.4.0;Data Source=jsglxt.mdb";
    selectCmd = "Select * From xwjkjs Order By jgh ASC";
    OleDbConnection conn;
    OleDbDataAdapter myAdapter;
    conn = new OleDbConnection(connStr);
    myAdapter = new OleDbDataAdapter(selectCmd, conn);
    myAdapter.Fill(myDataSet, "xwjkjs");
    dataGridView1.DataSource = myDataSet;
    dataGridView1.DataMember = "xwjkjs";
    DataSet_Bingding();
}
```

4. "教师变动"模块数据库编程。

(1) 打开 jsgl 项目，在"解决方案资源管理器"窗口中双击 jsbd 窗体。

(2) 建立项目 3 的 jsglxt 数据库，将 jsglxt 数据库复制到当前项目\bin\Debug 下。

(3) 选择 DataGridView 控件的 Columns 属性，单击 ... 按钮，打开"编辑列"对话框。

(4) 在"编辑列"对话框中，单击"添加"按钮，添加 12 个列，在右面的属性列表框中，分别设置 DataPropertyName 属性为 xm、xb、csny、xl、xw、zc、gzsj、ybm、bdsj、bdqk、xdw、dh，分别设置 HeaderText 属性为"姓名""性别""出生年月""最高学历""学位""职称""工作时间""原部门""变动时间""变动情况""现单位""电话"。

(5) 编写如下程序代码。

```csharp
using System.Data.OleDb;
private DataSet myDataSet = new DataSet();
private void DataSet_Bingding()
{
    xmtextBox.DataBindings.Add("Text", myDataSet, "jsbd.xm");
    xbcomboBox.DataBindings.Add("Text", myDataSet, "jsbd.xb");
    csnytextBox.DataBindings.Add("Text", myDataSet, "jsbd.csny");
    xlcomboBox.DataBindings.Add("Text", myDataSet, "jsbd.xl");
    xwcomboBox.DataBindings.Add("Text", myDataSet, "jsbd.xw");
    zccomboBox.DataBindings.Add("Text", myDataSet, "jsbd.zc");
    gzsjtextBox.DataBindings.Add("Text", myDataSet, "jsbd.gzsj");
    ybmcomboBox.DataBindings.Add("Text", myDataSet, "jsbd.ybm");
    bdsjtextBox.DataBindings.Add("Text", myDataSet, "jsbd.bdsj");
    bdqkcomboBox.DataBindings.Add("Text", myDataSet, "jsbd.bdqk");
    xdwtextBox.DataBindings.Add("Text", myDataSet, "jsbd.xdw");
    dhtextBox.DataBindings.Add("Text", myDataSet, "jsbd.dh");
}
private void jsbd_Load(object sender, EventArgs e)
{
    string selectCmd;
    string connStr =
```

```
        "Provider = Microsoft.Jet.OLEDB.4.0;Data Source = jsglxt.mdb";
    selectCmd = "Select * From jsbd ";
    OleDbConnection conn;
    OleDbDataAdapter myAdapter;
    conn = new OleDbConnection(connStr);
    myAdapter = new OleDbDataAdapter(selectCmd,conn);
    myAdapter.Fill(myDataSet,"jsbd");
    dataGridView1.DataSource = myDataSet;
    dataGridView1.DataMember = "jsbd";
    DataSet_Bingding();
}
```

习题

一、选择题

1. 访问 Access 数据库，引用的命名空间是（　　）。
   A. System.Data.Odbc 命名空间　　　B. System.Data.SqlClient 命名空间
   C. System.Data.OracleClient 命名空间　　D. 以上均不对
2. 下列不是 .NET Framework 数据提供程序对象的是（　　）。
   A. Command　　　　　　　　　　　B. DataSet
   C. Connection　　　　　　　　　　D. DataAdapter
3. 关于 DataSet，下列叙述不正确的是（　　）。
   A. DataSet 包含一个或多个不同的 DataTable 对象
   B. DataSet 是一个存放在内存中的数据暂存区
   C. 通过 Connection 对象与数据库做数据交换
   D. DataSet 包含一个或多个不同的 DataRelation 对象

二、填空题

1. ADO.NET 架构由_____和_____两大部分组成。
2. _____对象是 DataSet 对象和数据源间的桥梁。
3. SQL 语言是_____语言。
4. 在 SQL 语言中，数据查询使用_____语句。
5. 将 A 数据集中的 C 表显示在 dataGridView1 控件上，其程序为 dataGridView1.DataSource = _____。
6. 如果将 TextBox1 控件 Text 属性绑定到 A 数据集中的 B 表的 t 字段上，其程序为_____。

三、编程题

创建一个 Windows 应用程序，实现将 lx.mdb 数据库中 lxfs 表的数据显示在 DataGridView 控件上，并将 lxfs 数据表的数据记录与 TextBox 控件绑定。lxfs 表如表 7-4 所示。

表 7-4 lx 数据库中 lxfs 表

字 段	说 明	类 型	字段大小	备 注
xm	姓名	文本	8	不可为空
xb	性别	文本	2	可为空
lb	类别	文本	12	可为空
dh	电话	文本	30	可为空
dzyx	邮箱	文本	30	可为空

程序设计界面如图 7-15 所示。要求编程访问数据库,并叙述操作步骤。

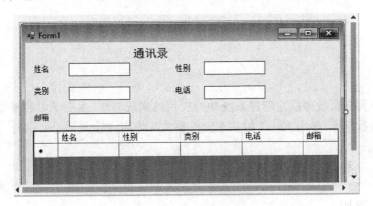

图 7-15 设计界面

项目 8

教师信息管理系统功能模块实现

本项目主要介绍教师信息管理系统功能模块的实现方法,主要学习数据添加、修改与删除、查询、备份数据库、导出 Excel 的基本操作和实际应用方法。

任务 8.1 添加、修改与删除

8.1.1 添加

使用带参数的 SQL 语句进行数据添加。编程方法如下。

(1) 建立连接,定义 SQL 参数,参数前加上@符号。

```
string connStr,insertCmd;
connStr =
        "Provider = Microsoft.Jet.OLEDB.4.0;Data Source = 数据库";
insertCmd = "Insert Into 表名(a1,a2,…an)Values(@t1,@t2,…@tn)";
OleDbConnection conn;
OleDbCommand cmd;
conn = new OleDbConnection(connStr);
conn.Open();
```

(2) 建立 Command 对象。

```
cmd = new OleDbCommand(insertCmd, conn);
```

(3) 建立参数及参数类型。

```
cmd.Parameters.Add(new OleDbParameter("@t1", OleDbType.数据类型));
cmd.Parameters.Add(new OleDbParameter("@t2", OleDbType.数据类型));
……
cmd.Parameters.Add(new OleDbParameter("@tn", OleDbType.数据类型));
```

(4) 给参数赋值。

```
cmd.Parameters["@t1"].Value = c1;
cmd.Parameters["@t2"].Value = c2;
```

```
……
cmd.Parameters["@tn"].Value = cn;
```

(5) 使用 Command 对象的 ExecuteNonQuery()方法执行数据添加的 SQL 语句,更新数据库。

```
cmd.ExecuteNonQuery();
conn.Close();
```

说明：$a_i(i=1,2,\cdots,n)$ 表示表的字段；$t_i(i=1,2,\cdots,n)$ 表示参数；$c_i(i=1,2,\cdots,n)$ 表示参数的值。

8.1.2 修改

使用带参数的 SQL 语句进行数据修改。编程方法如下。

(1) 建立连接,定义 SQL 参数,参数前加上@符号。

```
string connStr,updateCmd;
connStr = 
        "Provider = Microsoft.Jet.OLEDB.4.0;Data Source = 数据库";
updateCmd = "Update 表名 Set a1 = @t1,a2 = @t2,...an = @tn Where a = @t";
OleDbConnection conn;
OleDbCommand cmd;
conn = new OleDbConnection(connStr);
conn.Open();
```

(2) 建立 Command 对象。

```
cmd = new OleDbCommand(updateCmd, conn);
```

(3) 建立参数及参数类型。

```
cmd.Parameters.Add(new OleDbParameter("@t1", OleDbType.数据类型));
cmd.Parameters.Add(new OleDbParameter("@t2", OleDbType.数据类型);
……
cmd.Parameters.Add(new OleDbParameter("@tn ", OleDbType.数据类型));
cmd.Parameters.Add(new OleDbParameter("@t ", OleDbType.数据类型));
```

(4) 给参数赋值。

```
cmd.Parameters["@t1"].Value = c1;
cmd.Parameters["@t2"].Value = c2;
……
cmd.Parameters["@tn"].Value = cn;
cmd.Parameters["@t"].Value = c;
```

(5) 使用 Command 对象的 ExecuteNonQuery()方法执行数据修改的 SQL 语句,更新数据库。

```
cmd.ExecuteNonQuery();
conn.Close();
```

说明：$a_i(i=1,2,\cdots,n)$、a 表示表的字段；$t_i(i=1,\cdots,n)$ 表示参数；$c_i(i=1,2,\cdots,n)$、c 表示参数的值。

8.1.3 删除

使用带参数的 SQL 语句进行数据删除。编程方法如下。

(1) 建立连接,定义 SQL 参数,参数前加上@符号。

```
string connStr,delCmd;
connStr =
        "Provider = Microsoft.Jet.OLEDB.4.0;Data Source = 数据库";
delCmd = "Delete From 表名 Where a = @t ";
OleDbConnection conn;
OleDbCommand cmd;
conn = new OleDbConnection(connStr);
conn.Open();
```

(2) 建立 Command 对象。

```
cmd = new OleDbCommand(delCmd, conn);
```

(3) 建立参数及参数类型。

```
cmd.Parameters.Add(new OleDbParameter("@t ", OleDbType.数据类型));
```

(4) 给参数赋值。

```
cmd.Parameters["@t"].Value = c;
```

(5) 使用 Command 对象的 ExecuteNonQuery()方法执行数据删除的 SQL 语句,更新数据库。

```
cmd.ExecuteNonQuery();
conn.Close();
```

说明:a 表示表的字段;t 表示参数;c 表示参数的值。

【例 8-1】 编写学生信息管理程序,将 student.mdb 数据库中 xs 表的数据显示在 DataGridView 控件上,实现添加、修改、删除功能。程序的设计界面如图 8-1 所示,进行修改、删除操作时,先输入学号。xs 表见表 7-3。

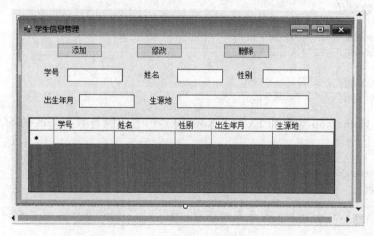

图 8-1　例 8-1 设计界面

【操作】

(1) 新建项目 vcs8_1,在 Form1 窗体上添加 3 个 Button 控件、5 个 Label 控件、5 个 TextBox 控件、1 个 DataGridView 控件。

(2) 建立 student.mdb 数据库,将数据库复制到当前项目\bin\Debug 下。

(3) 设计界面。控件的属性如表 8-1 所示。

表 8-1 控件的属性设置

对象名称	属性	属性值	对象名称	属性	属性值
Form1	Text	学生信息管理	Label4	Text	出生年月
Button1	Text	添加	Label5	Text	生源地
Button2	Text	修改	TextBox1	Text	—
Button3	Text	删除	TextBox2	Text	—
Label1	Text	学号	TextBox3	Text	—
Label2	Text	姓名	TextBox4	Text	—
Label3	Text	性别	TextBox5	Text	—

(4) 设置 Label1 控件的 Text 属性为"学生信息";选择 DataGridView 控件的 Columns 属性,单击 ... 按钮,打开"编辑列"对话框。

(5) 在"编辑列"窗体中,单击"添加"按钮,添加 5 个列,在右面的属性列表框中,分别设置 DataPropertyName 属性为 xh、xm、xb、csny、syd,分别设置 HeaderText 属性为"学号""姓名""性别""出生年月""生源地",然后单击"确定"按钮。

(6) 编写如下代码。

```
using System.Data.OleDb;
private void Show()                        //自定义 Show()方法
{
    string selectCmd;
    string connStr =
        "Provider = Microsoft.Jet.OLEDB.4.0;Data Source = student.mdb";
    selectCmd = "Select * From xs ";
    DataSet myDataSet = new DataSet();
    OleDbConnection conn;
    OleDbDataAdapter myAdapter;
    conn = new OleDbConnection(connStr);
    myAdapter = new OleDbDataAdapter(selectCmd, conn);
    myAdapter.Fill(myDataSet,"xs");
    dataGridView1.DataSource = myDataSet;
    dataGridView1.DataMember = "xs";
}
private void Form1_Load(object sender, EventArgs e)
{
    Show();                                //调用 Show()方法
}
//添加
private void button1_Click(object sender, EventArgs e)
```

```csharp
{
    string connStr, insertCmd;
    connStr =
        "Provider = Microsoft.Jet.OLEDB.4.0;Data Source = student.mdb";
    insertCmd = "Insert Into xs(xh,xm,xb,csny,syd)Values(@t1,@t2,@t3,@t4,@t5)";
    OleDbConnection conn;
    OleDbCommand cmd;
    conn = new OleDbConnection(connStr);
    conn.Open();
    cmd = new OleDbCommand(insertCmd, conn);
    cmd.Parameters.Add(new OleDbParameter("@t1",OleDbType.Char));
    cmd.Parameters.Add(new OleDbParameter("@t2",OleDbType.Char));
    cmd.Parameters.Add(new OleDbParameter("@t3",OleDbType.Char));
    cmd.Parameters.Add(new OleDbParameter("@t4",OleDbType.Char));
    cmd.Parameters.Add(new OleDbParameter("@t5", OleDbType.Char));
    cmd.Parameters["@t1"].Value = textBox1.Text;
    cmd.Parameters["@t2"].Value = textBox2.Text;
    cmd.Parameters["@t3"].Value = textBox3.Text;
    cmd.Parameters["@t4"].Value = textBox4.Text;
    cmd.Parameters["@t5"].Value = textBox5.Text;
    cmd.ExecuteNonQuery();  //ExecuteNonQuery()方法
    conn.Close();
    Show();  //调用Show()方法
}
//修改
private void button2_Click(object sender, EventArgs e)
{
    string connStr, updateCmd;
    connStr =
        "Provider = Microsoft.Jet.OLEDB.4.0;Data Source = student.mdb";
    updateCmd = "Update xs Set xm = @t2,xb = @t3,csny = @t4,syd = @t5 Where xh = @t1";
    OleDbConnection conn;
    OleDbCommand cmd;
    conn = new OleDbConnection(connStr);
    conn.Open();
    cmd = new OleDbCommand(updateCmd, conn);
    cmd.Parameters.Add(new OleDbParameter("@t2", OleDbType.Char));
    cmd.Parameters.Add(new OleDbParameter("@t3", OleDbType.Char));
    cmd.Parameters.Add(new OleDbParameter("@t4", OleDbType.Char));
    cmd.Parameters.Add(new OleDbParameter("@t5", OleDbType.Char));
    cmd.Parameters.Add(new OleDbParameter("@t1", OleDbType.Char));
    cmd.Parameters["@t2"].Value = textBox2.Text;
    cmd.Parameters["@t3"].Value = textBox3.Text;
    cmd.Parameters["@t4"].Value = textBox4.Text;
    cmd.Parameters["@t5"].Value = textBox5.Text;
    cmd.Parameters["@t1"].Value = textBox1.Text;
    cmd.ExecuteNonQuery();
    conn.Close();
    Show();                           //调用Show()方法
}
```

```
//删除
private void button3_Click(object sender, EventArgs e)
{
    string connStr, delCmd;
    connStr =
    "Provider = Microsoft.Jet.OLEDB.4.0;Data Source = student.mdb";
    delCmd = "Delete From xs Where xh = @t";
    OleDbConnection conn;
    OleDbCommand cmd;
    conn = new OleDbConnection(connStr);
    conn.Open();
    cmd = new OleDbCommand(delCmd, conn);
    cmd.Parameters.Add(new OleDbParameter("@t", OleDbType.Char));
    cmd.Parameters["@t"].Value = textBox1.Text;
    cmd.ExecuteNonQuery();
    conn.Close();
    Show();                              //调用Show()方法
}
```

(7) 运行程序。在文本框中输入信息后,单击"添加"按钮,实现数据添加,如图 8-2 所示。

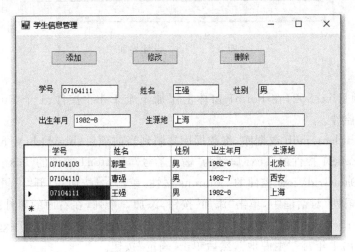

图 8-2 例 8-1 运行界面

任务 8.2 查询

使用 DataView 对象进行数据查询。DataView 对象可以对 DataTable 的内容做筛选,编程方法如下。

(1) 建立 DataView 对象。

```
DataView myDataView = new DataView();
myDataView.Table = myDataSet.Tables["数据表名称"];
```

说明:"数据表名称"指 DataSet 对象 DataTable 数据表名称。

(2)使用 DataView 对象查询。

myDataView.RowFiter = 查询条件；
dataGridView1.DataSource = myDataView;   //显示查询结果

DataView 对象的 RowFiter 属性可用于指定或取得所要查询的字段数据。

【例 8-2】 编写学生信息查询程序，按照学号查询 student.mdb 数据库中 xs 表的数据，查询结果显示在 DataGridView 控件上。程序的设计界面如图 8-3 所示，xs 表如表 7-3 所示。

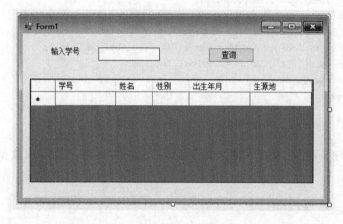

图 8-3　例 8-2 设计界面

【操作】

(1)新建项目 vcs8_2，在 Form1 窗体上添加 1 个 Label 控件、1 个 Button 控件、1 个 DataGridView 控件。

(2)建立 student.mdb 数据库，将数据库复制到当前项目\bin\Debug 下。

(3)设置 Label1 控件的 Text 属性为"输入学号"，Button1 控件的 Text 属性为"查询"。

(4)选择 DataGridView 控件的 Columns 属性，单击 ... 按钮，打开"编辑列"对话框。

(5)在"编辑列"对话框中，单击"添加"按钮，添加 5 个列，在右面的属性列表框中，分别设置 DataPropertyName 属性为 xh、xm、xb、csny、syd，分别设置 HeaderText 属性为"学号""姓名""性别""出生年月""生源地"，然后单击"确定"按钮。

(6)编写如下程序代码。

```csharp
using System.Data.OleDb;
private void button1_Click(object sender, EventArgs e)
{
    DataView myDataView = new DataView();
    try
    {
        string searchStr = null;
        searchStr = "xh = " + "'" + textBox1.Text + "'";
        string selectCmd;
        string connStr =
        "Provider = Microsoft.Jet.OLEDB.4.0;Data Source = student.mdb" ;
        selectCmd = "Select * From xs Order By xh ASC";
```

```
        OleDbConnection conn ;
        OleDbDataAdapter myAdapter ;
        DataSet myDataSet = new DataSet();
        conn = new OleDbConnection(connStr);
        myAdapter = new OleDbDataAdapter(selectCmd,conn);
        myAdapter.Fill(myDataSet,"xs");
        conn.Open();
        myDataView.Table = myDataSet.Tables["xs"];
        myDataView.RowFilter = searchStr;
        dataGridView1.DataSource = myDataView;
        myDataSet.AcceptChanges();
        dataGridView1.Refresh();
    }
    catch(System.Exception E)
    {
        MessageBox.Show(E.ToString());
    }
    if(myDataView.Count == 0)
    MessageBox.Show("没有符合查询条件的记录","没有记录",
                    MessageBoxButtons.OK,MessageBoxIcon.Information);
}
```

（7）运行程序。在文本框中输入学号后,单击"查询"按钮,实现数据查询,如图 8-4 所示。

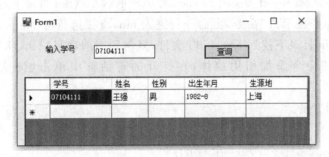

图 8-4 例 8-2 运行界面

任务 8.3 文件管理

引入 System.IO 命名空间,可以进行文件的读写操作。常用的类有 File 类、FileStream 类,利用它们可以进行文件的打开、删除、复制、移动等操作。

File 类常用方法如表 8-2 所示。

表 8-2 File 类常用方法

方法名	格　　式	功　　能
Open	public static FileStream Open(string path, FileMode mode);	按照 mode 指定的读写权限,打开由 path 指定的文件
Delete	public static void Delete(string path);	删除由 path 指定的文件

续表

方法名	格　式	功　能
Copy	public static void Copy(string sourceFileName, string destFileName);	复制文件。sourceFileName 指定要复制的文件，destFileName 指定要复制的目标文件的名称
Move	public static void Move(string sourceFileName, string destFileName);	移动文件。sourceFileName 指定要移动的文件名，destFileName 指定文件的新路径

任务8.4 "校内专任教师"模块功能实现

8.4.1 "教师信息"子模块功能实现

(1) 打开 jsgl 项目，在"解决方案资源管理器"窗口中双击 zrjs 窗体。
(2) 建立项目3的 jsglxt 数据库，将 jsglxt 数据库复制到当前项目\bin\Debug 下。
(3) 引用命名空间。

```
using System.IO;                    //使用File类
using System.Data.OleDb;
```

(4) 添加引用。将 C:\Program Files\Microsoft Office\Office 下的 Excel.exe 文件复制到 C:\Program Files\Microsoft Visual Studio 14.0\SDK\v3.5\Bin 目录下，选择"开始"→"程序"→"附件"→"命令提示符"命令，由命令行进入 bin，直接运行 Tlbimp.exe excel.exe，生成 Excel.dll，在 bin 目录下找到 Excel.dll 文件，复制到当前项目\bin\Debug 下。执行"项目"→"添加引用"命令添加引用窗体，在打开的对话框中单击"浏览"按钮选择引用 Excel.dll。

(5) 定义全局变量。

```
string connStr, insertCmd;
private OleDbDataAdapter myAdapterd = null;
private OleDbConnection conn = null;
DataView myDataView = new DataView();
bool f = false;
string updateCmd;
DataSet myDataSet = new DataSet();
private string[] ListHeader = { "教工号", "姓名", "性别", "出生年月", "民族", "职称", "职称获取时间", "发证单位", "政治面貌", "最高学历", "毕业学校", "毕业时间", "专业", "学位", "工作时间", "职业资格证书", "证书发证单位", "证书获取时间", "是否双师", "电话", "电子邮箱", "教研室", "部门", "照片地址" };
```

(6) 定义 DataSet_Bingding()、Buttons_Control(bool IsValid)方法。

```
private void DataSet_Bingding()
{
    jghtextBox.DataBindings.Add("Text", myDataSet, "zrjs.jgh");
    xmtextBox.DataBindings.Add("Text", myDataSet, "zrjs.xm");
    xbcomboBox.DataBindings.Add("Text", myDataSet, "zrjs.xb");
```

```csharp
            csnytextBox.DataBindings.Add("Text", myDataSet, "zrjs.csny");
            mzcomboBox.DataBindings.Add("Text", myDataSet, "zrjs.mz");
            zzmmcomboBox.DataBindings.Add("Text", myDataSet, "zrjs.zzmm");
            zccomboBox.DataBindings.Add("Text", myDataSet, "zrjs.zc");
            zcsjtextBox.DataBindings.Add("Text", myDataSet, "zrjs.zcsj");
            zcfzdwtextBox.DataBindings.Add("Text", myDataSet, "zrjs.fzdw");
            zgxlcomboBox.DataBindings.Add("Text", myDataSet, "zrjs.zgxl");
            byxxtextBox.DataBindings.Add("Text", myDataSet, "zrjs.byxx");
            bysjtextBox.DataBindings.Add("Text", myDataSet, "zrjs.bysj");
            zytextBox.DataBindings.Add("Text", myDataSet, "zrjs.zy");
            xwcomboBox.DataBindings.Add("Text", myDataSet, "zrjs.xw");
            gzsjtextBox.DataBindings.Add("Text", myDataSet, "zrjs.gzsj");
            zyzgzstextBox.DataBindings.Add("Text", myDataSet, "zrjs.zyzgzs");
            zgzsfzdwtextBox.DataBindings.Add("Text", myDataSet, "zrjs.zsfzdw");
            zgzssjtextBox.DataBindings.Add("Text", myDataSet, "zrjs.zshqsj");
            sfsscomboBox.DataBindings.Add("Text", myDataSet, "zrjs.sfss");
            dhtextBox.DataBindings.Add("Text", myDataSet, "zrjs.dh");
            dzyxtextBox.DataBindings.Add("Text", myDataSet, "zrjs.dzyx");
            jyscomboBox.DataBindings.Add("Text", myDataSet, "zrjs.jys");
            bmcomboBox.DataBindings.Add("Text", myDataSet, "zrjs.bm");
            zpdztextBox.DataBindings.Add("Text", myDataSet, "zrjs.zp");
        }

        private void Buttons_Control(bool IsValid)
        {
            if (IsValid)
            {
                jghtextBox.Enabled = true;
                xmtextBox.Enabled = true;
                xbcomboBox.Enabled = true;
                csnytextBox.Enabled = true;
                mzcomboBox.Enabled = true;
                zzmmcomboBox.Enabled = true;
                zccomboBox.Enabled = true;
                zcsjtextBox.Enabled = true;
                zcfzdwtextBox.Enabled = true;
                zgxlcomboBox.Enabled = true;
                byxxtextBox.Enabled = true;
                bysjtextBox.Enabled = true;
                zytextBox.Enabled = true;
                xwcomboBox.Enabled = true;
                gzsjtextBox.Enabled = true;
                zyzgzstextBox.Enabled = true;
                zgzsfzdwtextBox.Enabled = true;
                zgzssjtextBox.Enabled = true;
                sfsscomboBox.Enabled = true;
                dhtextBox.Enabled = true;
                dzyxtextBox.Enabled = true;
                jyscomboBox.Enabled = true;
                bmcomboBox.Enabled = true;
                zpdztextBox.Enabled = true;
```

```csharp
        }
        else
        {
            jghtextBox.Enabled = false;
            xmtextBox.Enabled = false;
            xbcomboBox.Enabled = false;
            csnytextBox.Enabled = false;
            mzcomboBox.Enabled = false;
            zzmmcomboBox.Enabled = false;
            zccomboBox.Enabled = false;
            zcsjtextBox.Enabled = false;
            zcfzdwtextBox.Enabled = false;
            zgxlcomboBox.Enabled = false;
            byxxtextBox.Enabled = false;
            bysjtextBox.Enabled = false;
            zytextBox.Enabled = false;
            xwcomboBox.Enabled = false;
            gzsjtextBox.Enabled = false;
            zyzgzstextBox.Enabled = false;
            zgzsfzdwtextBox.Enabled = false;
            zgzssjtextBox.Enabled = false;
            sfsscomboBox.Enabled = false;
            dhtextBox.Enabled = false;
            dzyxtextBox.Enabled = false;
            jyscomboBox.Enabled = false;
            bmcomboBox.Enabled = false;
            zpdztextBox.Enabled = false;
        }
    }
```

（7）编写 zrjs_Load(object sender，EventArgs e)方法。双击窗体，编写如下程序代码。

```csharp
private void zrjs_Load(object sender, EventArgs e)
{
    string selectCmd;
    string connStr =
        "Provider = Microsoft.Jet.OLEDB.4.0;Data Source = jsglxt.mdb";
    selectCmd = "Select * From zrjs Order By jgh ASC";
    OleDbConnection conn;
    OleDbDataAdapter myAdapter;
    conn = new OleDbConnection(connStr);
    myAdapter = new OleDbDataAdapter(selectCmd, conn);
    myAdapter.Fill(myDataSet, "zrjs");
    dataGridView1.DataSource = myDataSet;
    dataGridView1.DataMember = "zrjs";
    DataSet_Bingding();
    Buttons_Control(false);
    myDataSet.AcceptChanges();              //更新 DataSet
    dataGridView1.Refresh();                //刷新控件
}
```

（8）编写"显示照片"按钮程序。双击"显示照片"按钮，编写如下程序代码。

```
private void xszpbutton_Click(object sender, EventArgs e)
{
    if(myDataSet.Tables["zrjs"].Rows[BindingContext[myDataSet,
       "zrjs"].Position]["bz"].ToString()!="")
    {
        try
        {
            pictureBox1.SizeMode = PictureBoxSizeMode.StretchImage;
            pictureBox1.Image = Image.FromFile(myDataSet.Tables["zrjs"].Rows
            [BindingContext[myDataSet, "zrjs"].Position]["zp"].ToString());
        }
        catch (Exception E)
        {
            MessageBox.Show(E.ToString());
        }
    }
    else
        pictureBox1.Image = null;
}
```

（9）编写"添加"按钮程序。双击"添加"按钮，编写如下程序代码。

```
private void tjbutton_Click(object sender, EventArgs e)
{
    Buttons_Control(true);
    qdbutton.Enabled = true;
    BindingContext[myDataSet, "zrjs"].AddNew();
    f = true;
}
```

（10）编写"修改"按钮程序。双击"修改"按钮，编写如下程序代码。

```
private void xgbutton_Click(object sender, EventArgs e)
{
    Buttons_Control(true);
    qdbutton.Enabled = true;
    f = false;
}
```

（11）编写"确定"按钮程序。双击"确定"按钮，编写如下程序代码。

```
private void qdbutton_Click(object sender, EventArgs e)
{
    if (jghtextBox.Text == "")
        MessageBox.Show("教工号为必填项");
    else
    {
      if (f)
      {
        try
```

```csharp
{
    connStr =
        "Provider = Microsoft.Jet.OLEDB.4.0;Data Source = jsglxt.mdb";
    insertCmd = "Insert Into zrjs(jgh,xm,xb,csny,mz,zc,zcsj,fzdw,zzmm,
    zgxl,byxx,bysj,zy,xw,gzsj,zyzgzs,zsfzdw,zshqsj,sfss,dh,dzyx,jys,
    bm,zp)Values(@教工号,@姓名,@性别,@出生年月,@民族,@职称,@职称获取时间,
    @发证单位,@政治面貌,@最高学历,@毕业学校,@毕业时间,@专业,@学位,@工作时间,
    @职业资格证书,@证书发证单位,@证书获取时间,@是否双师,@电话,@电子邮箱,
    @教研室,@部门,@照片)";
    OleDbCommand cmd;
    conn = new OleDbConnection(connStr);
    conn.Open();
    cmd = new OleDbCommand(insertCmd, conn);
    cmd.Parameters.Add(new OleDbParameter("@教工号", OleDbType.Char));
    cmd.Parameters.Add(new OleDbParameter("@姓名", OleDbType.Char));
    cmd.Parameters.Add(new OleDbParameter("@性别", OleDbType.Char));
    cmd.Parameters.Add(new OleDbParameter("@出生年月",OleDbType.Char));
    cmd.Parameters.Add(new OleDbParameter("@民族", OleDbType.Char));
    cmd.Parameters.Add(new OleDbParameter("@职称", OleDbType.Char));
    cmd.Parameters.Add(new OleDbParameter("@职称获取时间",OleDbType.Char));
    cmd.Parameters.Add(new OleDbParameter("@发证单位", OleDbType.Char));
    cmd.Parameters.Add(new OleDbParameter("@政治面貌", OleDbType.Char));
    cmd.Parameters.Add(new OleDbParameter("@最高学历", OleDbType.Char));
    cmd.Parameters.Add(new OleDbParameter("@毕业学校", OleDbType.Char));
    cmd.Parameters.Add(new OleDbParameter("@毕业时间", OleDbType.Char));
    cmd.Parameters.Add(new OleDbParameter("@专业", OleDbType.Char));
    cmd.Parameters.Add(new OleDbParameter("@学位", OleDbType.Char));
    cmd.Parameters.Add(new OleDbParameter("@工作时间", OleDbType.Char));
    cmd.Parameters.Add(new OleDbParameter("@职业资格证书",OleDbType.Char));
    cmd.Parameters.Add(new OleDbParameter("@证书发证单位",OleDbType.Char));
    cmd.Parameters.Add(new OleDbParameter("@证书获取时间",OleDbType.Char));
    cmd.Parameters.Add(new OleDbParameter("@是否双师",OleDbType.Char));
    cmd.Parameters.Add(new OleDbParameter("@电话", OleDbType.Char));
    cmd.Parameters.Add(new OleDbParameter("@电子邮箱", OleDbType.Char));
    cmd.Parameters.Add(new OleDbParameter("@教研室",OleDbType.Char));
    cmd.Parameters.Add(new OleDbParameter("@部门", OleDbType.Char));
    cmd.Parameters.Add(new OleDbParameter("@照片", OleDbType.Char));
    cmd.Parameters["@教工号"].Value = jghtextBox.Text.ToString();
    cmd.Parameters["@姓名"].Value = xmtextBox.Text.ToString();
    cmd.Parameters["@性别"].Value = xbcomboBox.Text.ToString();
    cmd.Parameters["@出生年月"].Value = csnytextBox.Text.ToString();
    cmd.Parameters["@民族"].Value = mzcomboBox.Text.ToString();
    cmd.Parameters["@职称"].Value = zccomboBox.Text.ToString();
    cmd.Parameters["@职称获取时间"].Value = zcsjtextBox.Text.ToString();
    cmd.Parameters["@发证单位"].Value = zcfzdwtextBox.Text.ToString();
    cmd.Parameters["@政治面貌"].Value = zzmmcomboBox.Text.ToString();
    cmd.Parameters["@最高学历"].Value = zgxlcomboBox.Text.ToString();
    cmd.Parameters["@毕业学校"].Value = byxxtextBox.Text.ToString();
    cmd.Parameters["@毕业时间"].Value = bysjtextBox.Text.ToString();
    cmd.Parameters["@专业"].Value = zytextBox.Text.ToString();
    cmd.Parameters["@学位"].Value = xwcomboBox.Text.ToString();
```

```csharp
            cmd.Parameters["@工作时间"].Value = gzsjtextBox.Text.ToString();
            cmd.Parameters["@职业资格证书"].Value = zyzgzstextBox.Text.ToString();
            cmd.Parameters["@证书发证单位"].Value = zgzsfzdwtextBox.Text.ToString();
            cmd.Parameters["@证书获取时间"].Value = zgzssjtextBox.Text.ToString();
            cmd.Parameters["@是否双师"].Value = sfsscomboBox.Text.ToString();
            cmd.Parameters["@电话"].Value = dhtextBox.Text.ToString();
            cmd.Parameters["@电子邮箱"].Value = dzyxtextBox.Text.ToString();
            cmd.Parameters["@教研室"].Value = jyscomboBox.Text.ToString();
            cmd.Parameters["@部门"].Value = bmcomboBox.Text.ToString();
            cmd.Parameters["@照片"].Value = zpdztextBox.Text.ToString();
            cmd.ExecuteNonQuery();
            conn.Close();
            Buttons_Control(false);
            dataGridView1.Refresh();
            qdbutton.Enabled = false;
        }
        catch (Exception E)
        {
            MessageBox.Show(E.ToString());
        }
        finally
        {
            conn.Close();
            Buttons_Control(false);
        }
    }
    else
    {
        try
        {
            connStr =
            "Provider = Microsoft.Jet.OLEDB.4.0;Data Source = jsglxt.mdb";
            updateCmd = "UPDATE zrjs Set xm = @姓名, xb = @性别, csny = @出生年月, mz = @民族, zc = @职称, zcsj = @职称获取时间, fzdw = @发证单位, zzmm = @政治面貌, zgxl = @最高学历, byxx = @毕业学校, bysj = @毕业时间, zy = @专业, xw = @学位, gzsj = @工作时间, zyzgzs = @职业资格证书, zsfzdw = @证书发证单位, zshqsj = @证书获取时间, sfss = @是否双师, dh = @电话, dzyx = @电子邮箱, jys = @教研室, bm = @部门, zp = @照片 Where jgh = @教工号";
            OleDbCommand cmd;
            conn = new OleDbConnection(connStr);
            conn.Open();
            cmd = new OleDbCommand(updateCmd, conn);
            cmd.Parameters.Add(new OleDbParameter("@姓名", OleDbType.Char));
            cmd.Parameters.Add(new OleDbParameter("@性别", OleDbType.Char));
            cmd.Parameters.Add(new OleDbParameter("@出生年月", OleDbType.Char));
            cmd.Parameters.Add(new OleDbParameter("@民族", OleDbType.Char));
            cmd.Parameters.Add(new OleDbParameter("@职称", OleDbType.Char));
            cmd.Parameters.Add(new OleDbParameter("@职称获取时间", OleDbType.Char));
            cmd.Parameters.Add(new OleDbParameter("@发证单位", OleDbType.Char));
            cmd.Parameters.Add(new OleDbParameter("@政治面貌", OleDbType.Char));
            cmd.Parameters.Add(new OleDbParameter("@最高学历", OleDbType.Char));
```

```csharp
            cmd.Parameters.Add(new OleDbParameter("@毕业学校", OleDbType.Char));
            cmd.Parameters.Add(new OleDbParameter("@毕业时间", OleDbType.Char));
            cmd.Parameters.Add(new OleDbParameter("@专业", OleDbType.Char));
            cmd.Parameters.Add(new OleDbParameter("@学位", OleDbType.Char));
            cmd.Parameters.Add(new OleDbParameter("@工作时间", OleDbType.Char));
            cmd.Parameters.Add(new OleDbParameter("@职业资格证书", OleDbType.Char));
            cmd.Parameters.Add(new OleDbParameter("@证书发证单位", OleDbType.Char));
            cmd.Parameters.Add(new OleDbParameter("@证书获取时间", OleDbType.Char));
            cmd.Parameters.Add(new OleDbParameter("@是否双师", OleDbType.Char));
            cmd.Parameters.Add(new OleDbParameter("@电话", OleDbType.Char));
            cmd.Parameters.Add(new OleDbParameter("@电子邮箱", OleDbType.Char));
            cmd.Parameters.Add(new OleDbParameter("@教研室", OleDbType.Char));
            cmd.Parameters.Add(new OleDbParameter("@部门", OleDbType.Char));
            cmd.Parameters.Add(new OleDbParameter("@照片", OleDbType.Char));
            cmd.Parameters.Add(new OleDbParameter("@教工号", OleDbType.Char));
            cmd.Parameters["@姓名"].Value = xmtextBox.Text.ToString();
            cmd.Parameters["@性别"].Value = xbcomboBox.Text.ToString();
            cmd.Parameters["@出生年月"].Value = csnytextBox.Text.ToString();
            cmd.Parameters["@民族"].Value = mzcomboBox.Text.ToString();
            cmd.Parameters["@职称"].Value = zccomboBox.Text.ToString();
            cmd.Parameters["@职称获取时间"].Value = zcsjtextBox.Text.ToString();
            cmd.Parameters["@发证单位"].Value = zcfzdwtextBox.Text.ToString();
            cmd.Parameters["@政治面貌"].Value = zzmmcomboBox.Text.ToString();
            cmd.Parameters["@最高学历"].Value = zgxlcomboBox.Text.ToString();
            cmd.Parameters["@毕业学校"].Value = byxxtextBox.Text.ToString();
            cmd.Parameters["@毕业时间"].Value = bysjtextBox.Text.ToString();
            cmd.Parameters["@专业"].Value = zytextBox.Text.ToString();
            cmd.Parameters["@学位"].Value = xwcomboBox.Text.ToString();
            cmd.Parameters["@工作时间"].Value = gzsjtextBox.Text.ToString();
            cmd.Parameters["@职业资格证书"].Value = zyzgzstextBox.Text.ToString();
            cmd.Parameters["@证书发证单位"].Value = zgzsfzdwtextBox.Text.ToString();
            cmd.Parameters["@证书获取时间"].Value = zgzssjtextBox.Text.ToString();
            cmd.Parameters["@是否双师"].Value = sfsscomboBox.Text.ToString();
            cmd.Parameters["@电话"].Value = dhtextBox.Text.ToString();
            cmd.Parameters["@电子邮箱"].Value = dzyxtextBox.Text.ToString();
            cmd.Parameters["@教研室"].Value = jyscomboBox.Text.ToString();
            cmd.Parameters["@部门"].Value = bmcomboBox.Text.ToString();
            cmd.Parameters["@照片"].Value = zpdztextBox.Text.ToString();
            cmd.Parameters["@教工号"].Value = jghtextBox.Text.ToString();
            cmd.ExecuteNonQuery();
            BindingContext[myDataSet, "zrjs"].EndCurrentEdit();
            OleDbCommandBuilder commandbuilder1 =
            new OleDbCommandBuilder(myAdapterd);
            myDataSet.AcceptChanges();
            dataGridView1.Refresh();
            Buttons_Control(false);
            qdbutton.Enabled = false;
        }
        catch (Exception E)
        {
            MessageBox.Show(E.ToString());
```

```
        }
        finally
        {
            conn.Close();
            Buttons_Control(false);
        }
      }
    }
}
```

(12) 编写"取消"按钮程序。双击"取消"按钮,编写如下程序代码。

```
private void qxbutton_Click(object sender, EventArgs e)
{
    try
    {
        BindingContext[this.myDataSet, "zrjs"].CancelCurrentEdit();
        Buttons_Control(false);
    }
    catch (System.Exception E)
    {
        MessageBox.Show(E.ToString());
    }
}
```

(13) 编写"删除"按钮程序。双击"删除"按钮,编写如下程序代码。

```
private void scbutton_Click(object sender, EventArgs e)
{
    string delCmd;
    connStr = "Provider = Microsoft.Jet.OLEDB.4.0;Data Source = jsglxt.mdb";
    delCmd = "Delete from zrjs where jgh = @教工号";
    OleDbCommand cmd;
    conn = new OleDbConnection(connStr);
    conn.Open();
    cmd = new OleDbCommand(delCmd, conn);
    Buttons_Control(true);
    cmd.Parameters.Add(new OleDbParameter("@教工号", OleDbType.Char));
    cmd.Parameters["@教工号"].Value = jghtextBox.Text.ToString();
    cmd.ExecuteNonQuery();
    conn.Close();
    int position = BindingContext[myDataSet, "zrjs"].Position;
    BindingContext[myDataSet, "zrjs"].RemoveAt(position);
    BindingContext[myDataSet, "zrjs"].EndCurrentEdit();
    OleDbCommandBuilder commandbuilder1 =
        new OleDbCommandBuilder(myAdapterd);
    myDataSet.AcceptChanges();
    Buttons_Control(false);
}
```

（14）编写"导出 Excel"按钮程序。双击"导出 Excel"按钮，编写如下程序代码。

```csharp
private void dcbutton_Click(object sender, EventArgs e)
{
    string selectCmd;
    string connStr =
        "Provider = Microsoft.Jet.OLEDB.4.0;Data Source = jsglxt.mdb";
    selectCmd = "Select * From zrjs Order By jgh ASC";
    OleDbConnection conn;
    OleDbDataAdapter myAdapter;
    conn = new OleDbConnection(connStr);
    myAdapter = new OleDbDataAdapter(selectCmd, conn);
    myAdapter.Fill(myDataSet, "zrjsdc");
    Excel.Application myExcel = new Excel.Application();
    myExcel.Application.Workbooks.Add(true);
    myExcel.Visible = true;                        //让 Excel 文件可见
    myExcel.Cells[1, 7] = "'" + "专任教师表";       //第一行为报表名称
    myExcel.Cells[1, 9] = "'" + "打印时间：" +
        System.DateTime.Now.ToShortDateString().ToString();
    for (int j = 0; j < 24; j++)
    {
        myExcel.Cells[3, 1 + j] = "'" + this.ListHeader[j];   //逐行写入表格标题
    }
    int iMaxRow = myDataSet.Tables["zrjsdc"].Rows.Count;
    int iMaxCol = myDataSet.Tables["zrjsdc"].Columns.Count;
    for (int i = 0; i < iMaxRow; i++)
    {
        for (int j = 0; j < iMaxCol; j++)
        {
            myExcel.Cells[4 + i, 1 + j] = "'" +
                this.myDataSet.Tables["zrjsdc"].Rows[i][j].ToString();
            //以单引号开头，表示该单元格为纯文本
        }
    }
}
```

（15）编写"备份数据"按钮程序。双击"备份数据"按钮，编写如下程序代码。

```csharp
private void bfbutton_Click(object sender, EventArgs e)
{
    MessageBox.Show("备份数据库 jsglxt");
    try
    {
        File.Copy("jsglxt.mdb", "D:\\jsglxt.mdb");
        MessageBox.Show("数据库 jsglxt 已成功备份到 D 盘");
    }
    catch (Exception E)
    {
        MessageBox.Show(E.ToString());
        DialogResult Result;
        Result = MessageBox.Show("确定要替换数据库吗?", "",
```

```
            MessageBoxButtons.YesNo);
        if (Result == DialogResult.Yes)
        {
            File.Delete("D:\\jsglxt.mdb");
            File.Copy("jsglxt.mdb", "D:\\jsglxt.mdb");
            MessageBox.Show("数据库 jsglxt 已成功备份到 D 盘");
        }
        else return;
    }
}
```

(16) 编写"退出"按钮程序。双击"退出"按钮,编写如下程序代码。

```
private void tcbutton_Click(object sender, EventArgs e)
{
    this.Close();
}
```

(17) 编写隐藏照片程序。

```
private void dataGridView1_Click(object sender, EventArgs e)
{
    pictureBox1.Image = null;
}
```

8.4.2 "教师查询"子模块功能实现

(1) 选择"教师查询"选项卡。

(2) 选择 dataGridView2 控件的 Columns 属性,单击 ⋯ 按钮,打开"编辑列"对话框。

(3) 在"编辑列"对话框中,单击"添加"按钮,添加 24 个列,在右面的属性列表框中,分别设置 DataPropertyName 属性为 jgh、xm、xb、csny、mz、zc、zcsj、fzdw、zzmm、zgxl、byxx、bysj、zy、xw、gzsj、zyzgzs、zsfzdw、zshqsj、sfss、dh、dzyx、jys、bm、zp,分别设置 HeaderText 属性为"教工号""姓名""性别""出生年月""民族""职称""职称获取时间""发证单位""政治面貌""最高学历""毕业学校""毕业时间""专业""学位""工作时间""职业资格证书""证书发证单位""证书获取时间""是否双师""电话""电子邮箱""教研室""部门""照片地址"。

(4) 定义 SearchStr_f()方法。

```
private string SearchStr_f()
{
    string searchStr = null;
    bool first = true;
    if (jghtextBoxcx.Text!= "")
    {
        searchStr = "jgh = " + "'" + jghtextBoxcx.Text + "'";
        first = false;
    }
    if (xmtextBoxcx.Text!= "")
    {
        if (first)
```

```csharp
            {
                searchStr = "xm = " + "'" + xmtextBoxcx.Text + "'";
                first = false;
            }
            else
            {
                searchStr = searchStr + " and xm = " + "'" + xmtextBoxcx.Text + "'";
            }
        }
        if (zccomboBoxcx.Text!= "")
        {
            if (first)
            {
                searchStr = "zc = " + "'" + zccomboBoxcx.Text + "'";
                first = false;
            }
            else
            {
                searchStr = searchStr + " and zc = " + "'" + zccomboBoxcx.Text + "'";
            }
        }
        if (sfsscomboBoxcx.Text!= "")
        {
            if (first)
            {
                searchStr = "sfss = " + "'" + sfsscomboBoxcx.Text + "'";
                first = false;
            }
            else
            {
                searchStr = searchStr + "and sfss = " + "'" + sfsscomboBoxcx.Text + "'";
            }
        }
        if (jyscomboBoxcx.Text!= "")
        {
            if (first)
            {
                searchStr = "jys = " + "'" + jyscomboBoxcx.Text + "'";
                first = false;
            }
            else
            {
                searchStr = searchStr + "and jys = " + "'" + sfsscomboBoxcx.Text + "'";
            }
        }
        if (bmcomboBoxcx.Text!= "")
        {
            if (first)
            {
                searchStr = "bm = " + "'" + bmcomboBoxcx.Text + "'";
                first = false;
```

```
        }
        else
        {
            searchStr = searchStr + "and bm = " + "'" + bmcomboBoxcx.Text + "'";
        }
    }
    return searchStr;
}
```

(5) 编写"查询"按钮程序。双击"查询"按钮,编写如下程序代码。

```
private void cxbutton_Click(object sender, EventArgs e)
{
    if (SearchStr_f()!= null)
    {
        try
        {
            string selectCmd;
            string connStr =
                "Provider = Microsoft.Jet.OLEDB.4.0;Data Source = jsglxt.mdb";
            selectCmd = "Select * From zrjs Order By jgh ASC";
            OleDbConnection conn;
            OleDbDataAdapter myAdapter;
            conn = new OleDbConnection(connStr);
            conn.Open();
            myAdapter = new OleDbDataAdapter(selectCmd, conn);
            myDataView.Table = myDataSet.Tables["zrjs"];
            myDataView.RowFilter = SearchStr_f();
            dataGridView2.DataSource = myDataView;
            myDataSet.AcceptChanges();
            dataGridView2.Refresh();
        }
        catch (System.Exception E)
        {
            MessageBox.Show(E.ToString());
        }
        if (this.myDataView.Count == 0)
            MessageBox.Show("没有符合查询条件的记录", "没有记录",
                MessageBoxButtons.OK, MessageBoxIcon.Information);
    }
    jghtextBox.Clear();
    xmtextBox.Clear();
    zccomboBox.Text = "";
    sfsscomboBox.Text = "";
    jyscomboBox.Text = "";
    bmcomboBox.Text = "";
}
```

(6) 编写"取消"按钮程序。双击"取消"按钮,编写如下程序代码。

```
private void qxbuttoncx_Click(object sender, EventArgs e)
{
```

```
            jghtextBoxcx.Clear();
            xmtextBoxcx.Clear();
            zccomboBoxcx.Text = "";
            sfsscomboBoxcx.Text = "";
            jyscomboBoxcx.Text = "";
            bmcomboBoxcx.Text = "";
        }
```

(7) 编写"导出 Excel"按钮程序。双击"导出 Excel"按钮,编写如下程序代码。

```
        private void dcbuttoncx_Click(object sender, EventArgs e)
        {
            Excel.Application myExcel = new Excel.Application();
            myExcel.Application.Workbooks.Add(true);
            myExcel.Visible = true;                                //让 Excel 文件可见
            myExcel.Cells[1, 7] = "'" + "专任教师查询表";          //第一行为报表名称
            myExcel.Cells[1, 9] = "'" + "打印时间:" +
               System.DateTime.Now.ToShortDateString().ToString();
            for (int j = 0; j < 24; j++)
            {
                myExcel.Cells[3, 1 + j] = "'" + ListHeader[j];     //逐行写入表格标题,
            }
            for (int i = 0; i < myDataView.Count; i++)
            {
                for (int j = 0; j < 24; j++)
                {
                    myExcel.Cells[4 + i, 1 + j] = "'" + myDataView[i][j].ToString();
                }
            }
        }
```

(8) 编写"退出"按钮程序。双击"退出"按钮,编写如下程序代码。

```
        private void tcbuttoncx_Click(object sender, EventArgs e)
        {
            this.Close();
        }
```

项目拓展实训

一、实训目的

1. 掌握数据添加的方法。
2. 掌握数据修改与删除的方法。
3. 掌握数据查询的方法。
4. 掌握备份数据的方法。
5. 掌握导出 Excel 的方法。

二、实训内容

1. 见任务 8.4 "'校内专任教师'模块功能实现"。
2. "教师变动"模块功能实现。

(1) 打开 jsgl 项目,在"解决方案资源管理器"窗口中双击 jsbd 窗体。
(2) 建立项目 3 的 jsglxt 数据库,将 jsglxt 数据库复制到当前项目\bin\Debug 下。
(3) 引用命名空间。

```
using System.IO;                        //使用 File 类
using System.Data.OleDb;
```

(4) 添加引用。

将 C:\program Files\Microsoft Office\Office 下的 Excel.exe 文件复制到 C:\Program Files\Microsoft Visual Studio 14.0\SDK\v3.5\Bin 目录下,选择"开始"→"程序"→"附件"→"命令提示符"命令,由命令行进入 bin,直接运行 Tlbimp.exe excel.exe,生成 Excel.dll,在 bin 目录下找到 Excel.dll 文件,复制到当前项目\bin\Debug 下。执行"项目"→"添加引用"命令添加引用窗体,在打开的对话框中单击"浏览"按钮选择引用 Excel.dll。

(5) 定义全局变量。

```
private DataSet myDataSet = new DataSet();
string connStr, insertCmd;
private OleDbDataAdapter myAdapterd = null;
private OleDbConnection conn = null;
DataView myDataView = new DataView();
bool f = false;
string updateCmd;
private string [] ListHeader = {"姓名","性别","出生年月","学历","学位","职称","工作时间","原部门","变动时间","变动情况","现单位","电话"};
```

(6) 定义 DataSet_Bingding()、Buttons_Control(bool IsValid)方法。

```
private void DataSet_Bingding()
{
    xmtextBox.DataBindings.Add("Text", myDataSet, "jsbd.xm");
    xbcomboBox.DataBindings.Add("Text", myDataSet, "jsbd.xb");
    csnytextBox.DataBindings.Add("Text", myDataSet, "jsbd.csny");
    xlcomboBox.DataBindings.Add("Text", myDataSet, "jsbd.xl");
    xwcomboBox.DataBindings.Add("Text", myDataSet, "jsbd.xw");
    zccomboBox.DataBindings.Add("Text", myDataSet, "jsbd.zc");
    gzsjtextBox.DataBindings.Add("Text", myDataSet, "jsbd.gzsj");
    ybmcomboBox.DataBindings.Add("Text", myDataSet, "jsbd.ybm");
    bdsjtextBox.DataBindings.Add("Text", myDataSet, "jsbd.bdsj");
    bdqkcomboBox.DataBindings.Add("Text", myDataSet, "jsbd.bdqk");
    xdwtextBox.DataBindings.Add("Text", myDataSet, "jsbd.xdw");
    dhtextBox.DataBindings.Add("Text", myDataSet, "jsbd.dh");
}
private void Buttons_Control(bool IsValid)
{
```

```csharp
        if (IsValid)
        {
            xmtextBox.Enabled = true;
            xbcomboBox.Enabled = true;
            csnytextBox.Enabled = true;
            xlcomboBox.Enabled = true;
            xwcomboBox.Enabled = true;
            zccomboBox.Enabled = true;
            gzsjtextBox.Enabled = true;
            ybmcomboBox.Enabled = true;
            bdsjtextBox.Enabled = true;
            bdqkcomboBox.Enabled = true;
            xdwtextBox.Enabled = true;
            dhtextBox.Enabled = true;
        }
        else
        {
            xmtextBox.Enabled = false;
            xbcomboBox.Enabled = false;
            csnytextBox.Enabled = false;
            xlcomboBox.Enabled = false;
            xwcomboBox.Enabled = false;
            zccomboBox.Enabled = false;
            gzsjtextBox.Enabled = false;
            ybmcomboBox.Enabled = false;
            bdsjtextBox.Enabled = false;
            bdqkcomboBox.Enabled = false;
            xdwtextBox.Enabled = false;
            dhtextBox.Enabled = false;
        }
    }
```

（7）编写 jsbd_Load(object sender, EventArgs e)方法。双击窗体，编写如下程序代码。

```csharp
    private void jsbd_Load(object sender, EventArgs e)
    {
        string selectCmd;
        string connStr =
            "Provider = Microsoft.Jet.OLEDB.4.0;Data Source = jsglxt.mdb";
        selectCmd = "Select * From jsbd ";
        OleDbConnection conn;
        OleDbDataAdapter myAdapter;
        conn = new OleDbConnection(connStr);
        myAdapter = new OleDbDataAdapter(selectCmd, conn);
        myAdapter.Fill(myDataSet, "jsbd");
        dataGridView1.DataSource = myDataSet;
        dataGridView1.DataMember = "jsbd";
        DataSet_Bingding();
        Buttons_Control(false);
        myDataSet.AcceptChanges();
        dataGridView1.Refresh();
    }
```

(8) 编写"添加"按钮程序。双击"添加"按钮,编写如下程序代码。

```csharp
private void tjbutton_Click(object sender, EventArgs e)
{
    Buttons_Control(true);
    qdbutton.Enabled = true;
    BindingContext[myDataSet, "jsbd"].AddNew();
    f = true;
}
```

(9) 编写"修改"按钮程序。双击"修改"按钮,编写如下程序代码。

```csharp
private void xgbutton_Click(object sender, EventArgs e)
{
    Buttons_Control(true);
    qdbutton.Enabled = true;
    f = false;
}
```

(10) 编写"确定"按钮程序。双击"确定"按钮,编写如下程序代码。

```csharp
private void qdbutton_Click(object sender, EventArgs e)
{
    if (xmtextBox.Text == "")
        MessageBox.Show("姓名为必填项");
    else
    {
        if (f)
        {
            try
            {
                connStr =
                    "Provider=Microsoft.Jet.OLEDB.4.0;DataSource=jsglxt.mdb";
                insertCmd = "Insert Intojsbd(xm,xb,csny,xl,xw,zc,gzsj,ybm, bdsj,bdqk,xdw,
                    dh)Values(@姓名,@性别,@出生年月,@学历,@学位,@职称,@工作时间,
                    @原部门,@变动时间,@变动情况,@现单位,@电话)";
                OleDbCommand cmd;
                conn = new OleDbConnection(connStr);
                conn.Open();
                cmd = new OleDbCommand(insertCmd, conn);
                cmd.Parameters.Add(new OleDbParameter("@姓名",OleDbType.Char));
                cmd.Parameters.Add(new OleDbParameter("@性别",OleDbType.Char));
                cmd.Parameters.Add(new OleDbParameter("@出生年月",OleDbType.Char));
                cmd.Parameters.Add(new OleDbParameter("@学历",OleDbType.Char));
                cmd.Parameters.Add(new OleDbParameter("@学位",OleDbType.Char));
                cmd.Parameters.Add(new OleDbParameter("@职称",OleDbType.Char));
                cmd.Parameters.Add(new OleDbParameter("@工作时间",OleDbType.Char));
                cmd.Parameters.Add(new OleDbParameter("@原部门", OleDbType.Char));
                cmd.Parameters.Add(new OleDbParameter("@变动时间",OleDbType.Char));
                cmd.Parameters.Add(new OleDbParameter("@变动情况",OleDbType.Char));
                cmd.Parameters.Add(new OleDbParameter("@现单位",OleDbType.Char));
                cmd.Parameters.Add(new OleDbParameter("@电话",OleDbType.Char));
```

```csharp
            cmd.Parameters["@姓名"].Value = xmtextBox.Text.ToString();
            cmd.Parameters["@性别"].Value = xbcomboBox.Text.ToString();
            cmd.Parameters["@出生年月"].Value = csnytextBox.Text.ToString();
            cmd.Parameters["@学历"].Value = xlcomboBox.Text.ToString();
            cmd.Parameters["@学位"].Value = xwcomboBox.Text.ToString();
            cmd.Parameters["@职称"].Value = zccomboBox.Text.ToString();
            cmd.Parameters["@工作时间"].Value = gzsjtextBox.Text.ToString();
            cmd.Parameters["@原部门"].Value = ybmcomboBox.Text.ToString();
            cmd.Parameters["@变动时间"].Value = bdsjtextBox.Text.ToString();
            cmd.Parameters["@变动情况"].Value = bdqkcomboBox.Text.ToString();
            cmd.Parameters["@现单位"].Value = xdwtextBox.Text.ToString();
            cmd.Parameters["@电话"].Value = dhtextBox.Text.ToString();
            cmd.ExecuteNonQuery();
            conn.Close();
            Buttons_Control(false);
            dataGridView1.Refresh();
            qdbutton.Enabled = false;
        }
        catch (Exception E)
        {
            MessageBox.Show(E.ToString());
        }
        finally
        {
            conn.Close();
            Buttons_Control(false);
        }
    }
    else
    {
        try
        {
            connStr =
                "Provider = Microsoft.Jet.OLEDB.4.0;Data
                Source = jsglxt.mdb";
            updateCmd = "UPDATE jsbd Set xb = @性别,csny = @出生年月,xl = @学历,xw = @学位,zc = @职称,gzsj = @工作时间,ybm = @原部门,bdsj = @变动时间,bdqk = @变动情况,xdw = @现单位,dh = @电话 Where xm = @姓名";
            OleDbCommand cmd;
            conn = new OleDbConnection(connStr);
            conn.Open();
            cmd = new OleDbCommand(updateCmd, conn);
            cmd.Parameters.Add(new OleDbParameter("@性别",OleDbType.Char));
            cmd.Parameters.Add(new OleDbParameter("@出生年月",OleDbType.Char));
            cmd.Parameters.Add(new OleDbParameter("@学历",OleDbType.Char));
            cmd.Parameters.Add(new OleDbParameter("@学位",OleDbType.Char));
            cmd.Parameters.Add(new OleDbParameter("@职称",OleDbType.Char));
            cmd.Parameters.Add(new OleDbParameter("@工作时间",OleDbType.Char));
            cmd.Parameters.Add(new OleDbParameter("@原部门",OleDbType.Char));
            cmd.Parameters.Add(new OleDbParameter("@变动时间",OleDbType.Char));
            cmd.Parameters.Add(new OleDbParameter("@变动情况",OleDbType.Char));
```

```
            cmd.Parameters.Add(new OleDbParameter("@现单位",OleDbType.Char));
            cmd.Parameters.Add(new OleDbParameter("@电话",OleDbType.Char));
            cmd.Parameters.Add(new OleDbParameter("@姓名",OleDbType.Char));
            cmd.Parameters["@性别"].Value = xbcomboBox.Text.ToString();
            cmd.Parameters["@出生年月"].Value = csnytextBox.Text.ToString();
            cmd.Parameters["@学历"].Value = xlcomboBox.Text.ToString();
            cmd.Parameters["@学位"].Value = xwcomboBox.Text.ToString();
            cmd.Parameters["@职称"].Value = zccomboBox.Text.ToString();
            cmd.Parameters["@工作时间"].Value = gzsjtextBox.Text.ToString();
            cmd.Parameters["@原部门"].Value = ybmcomboBox.Text.ToString();
            cmd.Parameters["@变动时间"].Value = bdsjtextBox.Text.ToString();
            cmd.Parameters["@变动情况"].Value = bdqkcomboBox.Text.ToString();
            cmd.Parameters["@现单位"].Value = xdwtextBox.Text.ToString();
            cmd.Parameters["@电话"].Value = dhtextBox.Text.ToString();
            cmd.Parameters["@姓名"].Value = xmtextBox.Text.ToString();
            cmd.ExecuteNonQuery();
            BindingContext[myDataSet, "jsbd"].EndCurrentEdit();
            OleDbCommandBuilder commandbuilder1 = new OleDbCommandBuilder(myAdapterd);
            myDataSet.AcceptChanges();
            dataGridView1.Refresh();
            Buttons_Control(false);
            qdbutton.Enabled = false;
        }
        catch (Exception E)
        {
            MessageBox.Show(E.ToString());
        }
        finally
        {
            conn.Close();
            Buttons_Control(false);
        }
    }
}
```

(11) 编写"取消"按钮程序。双击"取消"按钮，编写如下程序代码。

```
private void qxbutton_Click(object sender, EventArgs e)
{
    try
    {
        BindingContext[this.myDataSet, "jsbd"].CancelCurrentEdit();
        Buttons_Control(false);
    }
    catch (System.Exception E)
    {
        MessageBox.Show(E.ToString());
    }
}
```

(12) 编写"删除"按钮程序。双击"删除"按钮,编写如下程序代码。

```csharp
private void scbutton_Click(object sender, EventArgs e)
{
    string delCmd;
    connStr = "Provider = Microsoft.Jet.OLEDB.4.0;Data Source = jsglxt.mdb";
    delCmd = "Delete from jsbd where xm = @姓名";
    OleDbCommand cmd;
    conn = new OleDbConnection(connStr);
    conn.Open();
    cmd = new OleDbCommand(delCmd, conn);
    Buttons_Control(true);
    cmd.Parameters.Add(new OleDbParameter("@姓名", OleDbType.Char));
    cmd.Parameters["@姓名"].Value = xmtextBox.Text.ToString();
    cmd.ExecuteNonQuery();
    conn.Close();
    int position = BindingContext[myDataSet, "jsbd"].Position;
    BindingContext[myDataSet, "jsbd"].RemoveAt(position);
    BindingContext[myDataSet, "jsbd"].EndCurrentEdit();
    OleDbCommandBuilder commandbuilder1 = new OleDbCommandBuilder(myAdapterd);
    myDataSet.AcceptChanges();
    Buttons_Control(false);
}
```

(13) 编写"导出 Excel"按钮程序。双击"导出 Excel"按钮,编写如下程序代码。

```csharp
private void dcbutton_Click(object sender, EventArgs e)
{
    string selectCmd;
    string connStr =
        "Provider = Microsoft.Jet.OLEDB.4.0;Data Source = jsglxt.mdb";
    selectCmd = "Select * From jsbd ";
    OleDbConnection conn;
    OleDbDataAdapter myAdapter;
    conn = new OleDbConnection(connStr);
    myAdapter = new OleDbDataAdapter(selectCmd, conn);
    myAdapter.Fill(myDataSet, "jsbddc");
    Excel.Application myExcel = new Excel.Application();
    myExcel.Application.Workbooks.Add(true);
    myExcel.Visible = true;                    //让 Excel 文件可见
    myExcel.Cells[1, 7] = "'" + "教师变动表";
    myExcel.Cells[1, 10] = "'" + "打印时间:" +
        System.DateTime.Now.ToShortDateString().ToString();
    for (int j = 0; j < 12; j++)
    {
        myExcel.Cells[3, 1 + j] = "'" + this.ListHeader[j];
    }
    int iMaxRow = myDataSet.Tables["jsbddc"].Rows.Count;
    int iMaxCol = myDataSet.Tables["jsbddc"].Columns.Count;
    for (int i = 0; i < iMaxRow; i++)
    {
```

```
        for (int j = 0; j < iMaxCol; j++)
        {
            myExcel.Cells[4 + i, 1 + j] = "'" +
            this.myDataSet.Tables["jsbddc"].Rows[i][j].ToString();
        }
    }
}
```

(14) 编写"备份数据"按钮程序。双击"备份数据"按钮,编写如下程序代码。

```
private void bfbutton_Click(object sender, EventArgs e)
{
    MessageBox.Show("备份数据库 jsglxt");
    try
    {
        File.Copy("jsglxt.mdb", "D:\\jsglxt.mdb");
        MessageBox.Show("数据库 jsglxt 已成功备份到 D 盘");
    }
    catch (Exception E)
    {
        MessageBox.Show(E.ToString());
        DialogResult Result;
        Result = MessageBox.Show("确定要替换数据库吗?", "",
            MessageBoxButtons.YesNo);
        if (Result == DialogResult.Yes)
        {
            File.Delete("D:\\jsglxt.mdb");
            File.Copy("jsglxt.mdb", "D:\\jsglxt.mdb");
            MessageBox.Show("数据库 jsglxt 已成功备份到 D 盘");
        }
        else return;
    }
}
```

(15) 编写"退出"按钮程序。双击"退出"按钮,编写如下程序代码。

```
private void tcbutton_Click(object sender, EventArgs e)
{
    this.Close();
}
```

习题

一、选择题

1. 执行数据添加、修改、删除的 SQL 语句,使用 Command 对象的方法是(　　)。
   A. ExecuteNonQuery()　　　　　　B. Prepare()
   C. ExecuteRead()　　　　　　　　D. 以上均不对
2. 用于数据查询的对象是(　　)。
   A. Command　　　　　　　　　　B. DataAdapter

C. Connection   D. DataView
3. 使用 File 类，引用的命名空间是(　　)。
　　　A. System.Data.OleDb   B. System.Data.SqlClient
　　　C. System.IO   D. 以上均不对

二、填空题

1. 使用带参数的 SQL 语法进行数据删除，定义 SQL 参数，参数前加上_____符号。
2. DataView 对象的_____属性用于指定或取得所要查询的字段数据。
3. 使用 File 类的_____方法移动文件。

三、编程题

1. "校内兼课教师"模块功能实现。
2. "校外兼课教师"模块功能实现。

项目 9

教师信息管理系统的部署与安装

本项目主要介绍教师信息管理系统的发布方法,主要学习 Windows 窗口应用程序部署与安装的基本操作和实际应用方法。

任务 9.1　教师信息管理系统的部署

Visual Studio 2015 没有自带打包工具,所以要先下载并安装一个打包工具,才能进行 Windows 窗口应用程序的部署。采用微软提供的 Install Shield 2015 Limited Edition 打包工具,注册后即可使用,教师信息管理系统的部署方法如下。

1) 建立安装和部署项目

在"解决方案资源管理器"窗口中右击"解决方案'jsgl'(1 个项目)"文件,弹出快捷菜单,选择"添加"→"新建项目"命令,如图 9-1 所示。

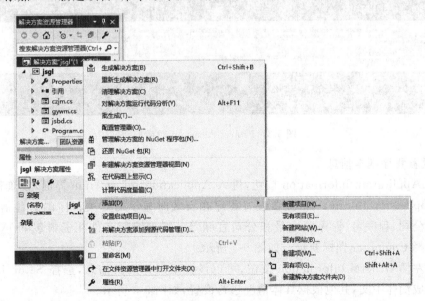

图 9-1　快捷菜单

在弹出的"添加新项目"对话框中，在"项目类型"列表框中选择"其他项目类型"→"安装和部署"选项，在右侧的"模板"列表框中选择"InstallShield Limited Edition Project 安装和部署"选项，"名称"保持默认名称，设置"位置"为"D:\程序\部署\jsgl"，如图 9-2 所示。

图 9-2　"新建项目"对话框

2) 打开安装向导

在"添加新项目"对话框中单击"确定"按钮，打开 Project Assistant 对话框，如图 9-3 所示。

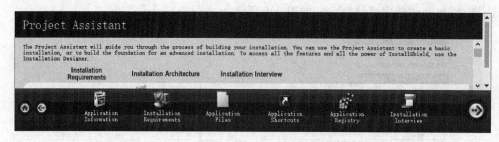

图 9-3　Project Assistant 对话框

3) 设置程序基本信息

单击 Application Information 按钮，进入 Application Information 界面，设置程序基本信息。Application Information 主要设置程序在安装时显示的有关程序的一些信息，包括程序开发公司、程序名、程序版本号和公司官网等。附加图标文件在资料包 ch1\pic\my.ICO 下选择 Computer 图标获得。如图 9-4 所示。

单击左侧 General Information 按钮，可以设置更加详细的信息，选择 Setup Language 命令设置成简体中文，其他根据具体情况进行设置，如图 9-5 所示。

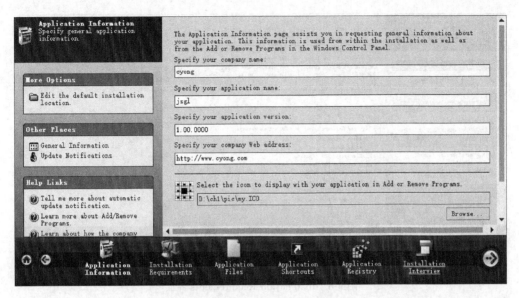

图 9-4　Application Information 界面

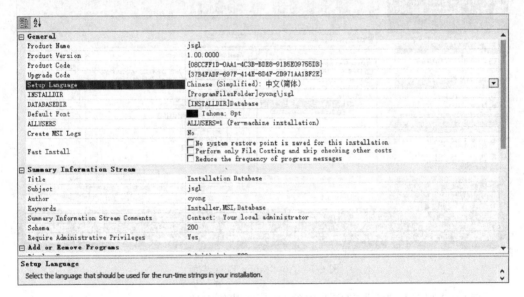

图 9-5　General Information 界面

4）设置安装需求

单击 Installation Requirements 按钮，进入 Installation Requirements 界面，设置安装需求，重点是选择支持的操作系统和其他依赖的软件框架，根据实际情况选择安装要求。如图 9-6 所示。

5）添加应用文件

单击 Application Files 按钮，进入 Application Files 界面，用于设置应用程序所包含的文件。首先设置程序的主输出，选中程序名，单击 Add Project Outputs 按钮，选择"主输出"，单击 OK 按钮，如图 9-7 所示。

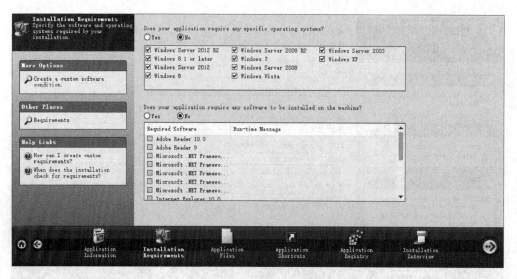

图 9-6　Installation Requirements 界面

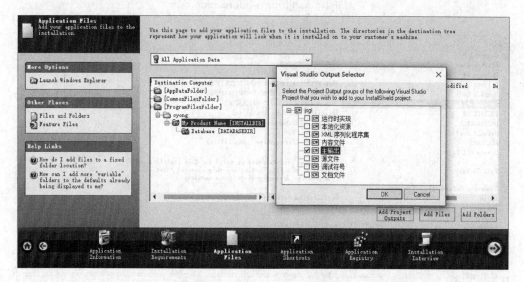

图 9-7　Application Files 界面

6）通过"Add Files"添加程序引用的 DLL 及其他文件

单击 Add Files 按钮,添加图标文件作为桌面快捷方式的图标,在资料包 ch1/pic 下选择 my 图标,添加 jsgl\jsgl\bin\Debug 数据库 jsglxt。

7）设置程序快捷图标

单击 Application Shortcuts 按钮,进入 Application Shortcuts 界面,单击左侧的 Create an uninstallation shortcut 按钮,为程序创建卸载快捷方式;单击 New… 按钮,在弹出的菜单中选择上一步生成的"*.主输出"文件,默认名字是 Built,通过 Rename 按钮可以改变名字,将名字重命名为 jsgl,本名字将显示在安装程序的图标后面;也可以设置程序图标,单击左侧的 Shortcuts 按钮,即选择程序安装后在桌面或开始菜单中显示的图标,在右侧设置图标显示的位置。如图 9-8 所示。

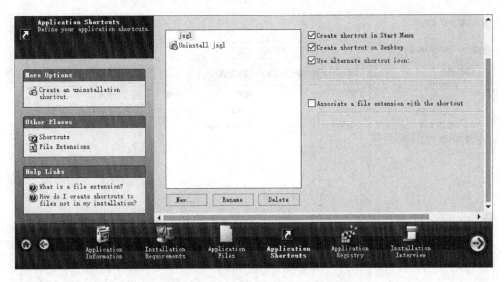

图 9-8　Application Shortcuts 界面

8）设置安装视图

单击 Installation Interview 按钮，进入 Installation Interview 界面，根据自身需求进行设置即可。如图 9-9 所示。

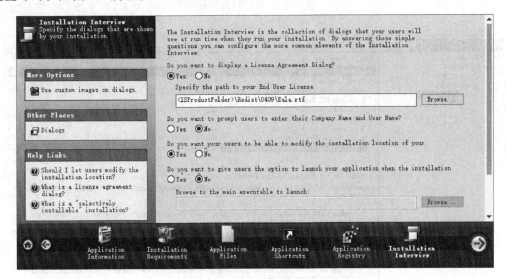

图 9-9　Installation Interview 界面

9）程序打包

选择"解决方案'jsgl'"，右击，弹出快捷菜单，选择"属性"命令，弹出的"解决方案'jsgl'属性页"对话框中，Setup2 设置为 SingleImage，单击"确定"按钮。如图 9-10 所示。

若要把.NET Framework 一起打包进程序，选取"解决方案'jsgl'"，单击 Prepare for Release，双击 Releases，弹出 Releases(Setup2)界面，单击选取 SingleImage 命令，在选项卡中单击 Setup.exe 选项，选择 InstallShield Prerequisites Location，把它设置为 Extract From Setup.exe，打包完成。如图 9-11 所示。

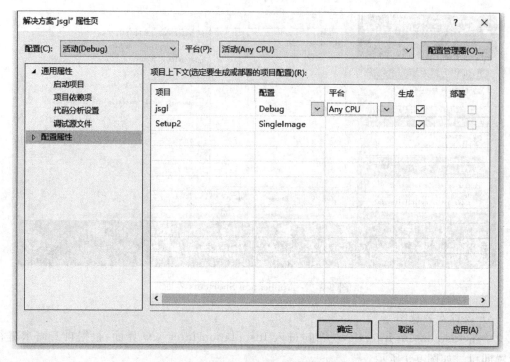

图 9-10 "属性"对话框

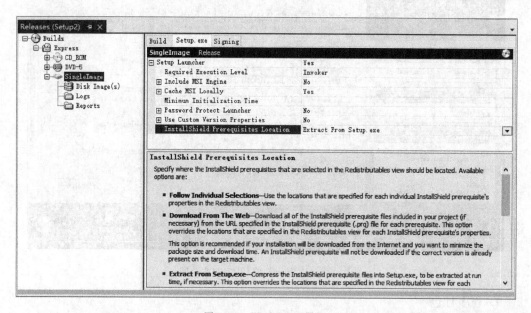

图 9-11 "Releases"界面

10) 生成教师信息管理系统安装程序

右击解决方案资源管理器窗口中的 Setup2 项目,在弹出的快捷菜单中选择"生成"命令,在 D:\程序\部署\jsgl\Setup2\Setup2\Express\SingleImage\DiskImages\DISK1 目录下生成安装文件,如图 9-12 所示。

项目 9　教师信息管理系统的部署与安装

图 9-12　生成安装文件

任务 9.2　教师信息管理系统的安装

将安装文件复制到目标计算机上，可以进行安装。双击 setup.exe 文件，弹出"欢迎使用 Setup2 Installshield Wizard"对话框，单击"下一步"按钮，如图 9-13 所示。

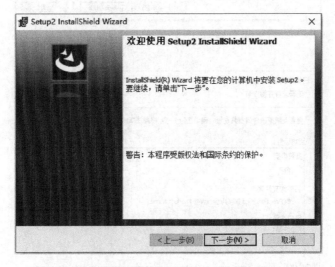

图 9-13　"欢迎使用 Setup2 Installshield Wizard"对话框

按照安装向导的步骤，对程序进行安装，如图 9-14～图 9-17 所示。

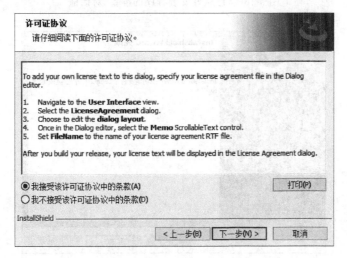

图 9-14　"许可证协议"对话框

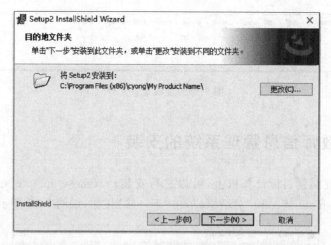

图 9-15 "目的地文件夹"对话框

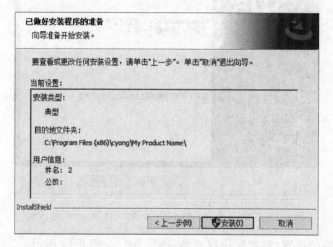

图 9-16 "已做好安装程序的准备"对话框

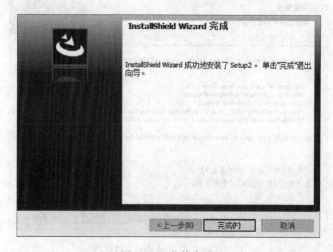

图 9-17 安装完成

程序安装结束,在"开始"菜单中出现快捷方式,如图 9-18 所示。

在桌面出现卸载安装快捷方式图标,如图 9-19 所示。

图 9-18 在"开始"菜单中的快捷方式

图 9-19 桌面快捷方式图标

项目拓展实训

一、实训目的

1. 掌握 Windows 窗口应用程序的部署方法。
2. 掌握 Windows 窗口应用程序的安装方法。

二、实训内容

1. 见任务 9.1 "教师信息管理系统的部署"。
2. 见任务 9.2 "教师信息管理系统的安装"。
3. 项目 vcs8_2(见任务 8.2 例 2)的部署与安装。

习题

1. 建立 Windows 应用程序,制作个人简介,部署与安装应用程序。
2. 建立 Windows 应用程序,制作专业简介,部署与安装应用程序。

参 考 文 献

[1] 曹祖圣. Visual C♯ .NET 程序设计经典[M]. 北京：科学出版社，2004.
[2] 童爱红. Visual C♯ .NET 应用教程[M]. 北京：清华大学出版社，2004.
[3] 吴晨. ASP.NET 数据库项目案例导航[M]. 北京：清华大学出版社，2004.
[4] 曹锰. C♯ 与 ASP.NET 程序设计[M]. 西安：西安交通大学出版社，2005.
[5] 崔永红. ASP.NET 程序设计[M]. 北京：中国铁道出版社，2010.

附 录

习题参考答案

项目 1

一、选择题

1. C　2. D　3. D

二、填空题

1. 公共语言运行库　基础类库　2. 名称　3. 文本信息

项目 2

一、选择题

1. B　2. D　3. A　4. B　5. C　6. D

二、填空题

1. while　do...while　for　foreach　2. switch　3. finally

项目 4

一、选择题

1. A　2. B

二、填空题

1. 窗体名.Show();　2. 关闭　3. Refresh

项目 5

一、选择题

1. D　2. B　3. C

二、填空题

1. Dock　2. False　3. True

项 目 6

一、选择题

1. D   2. C   3. D

二、填空题

1. ListBox CheckedListBox ComboBox   2. TabPages   3. Visible False

项 目 7

一、选择题

1. D   2. B   3. C

二、填空题

1. .NET Framework 数据提供程序 DataSet   2. DataAdapter   3. 结构化查询
4. SELECT   5. A.Tables["c"];   6. textBox1.DataBindings.Add("Text",A,"B.t");

项 目 8

一、选择题

1. A   2. D   3. C

二、填空题

1. @   2. RowFiter   3. Move

三、编程题

1. "校内兼课教师"模块功能实现。

程序代码：

```
using System.IO;
using System.Data.OleDb;
private DataSet myDataSet = new DataSet();
string connStr, insertCmd;
private OleDbDataAdapter myAdapterd = null;
private OleDbConnection conn = null;
DataView myDataView = new DataView();
bool f = false;
string updateCmd;
private string[] ListHeader = { "教工号","任职部门","姓名","性别","出生年月","民族",
"职称","职称获取时间","发证单位","政治面貌","最高学历","毕业学校","毕业时间","专
业","学位","工作时间","高校教师资格证书发证单位","证书获取时间","职务","是否双师",
"任教部门","电话","电子邮箱","照片地址" };
private void DataSet_Bingding()
{
    jghtextBox.DataBindings.Add("Text", myDataSet, "xnjkjs.jgh");
    rzbmcomboBox.DataBindings.Add("Text", myDataSet, "xnjkjs.rzbm");
    xmtextBox.DataBindings.Add("Text", myDataSet, "xnjkjs.xm");
```

```csharp
            xbcomboBox.DataBindings.Add("Text",myDataSet,"xnjkjs.xb");
            csnytextBox.DataBindings.Add("Text", myDataSet, "xnjkjs.csny");
            mzcomboBox.DataBindings.Add("Text",myDataSet,"xnjkjs.mz");
            zccomboBox.DataBindings.Add("Text",myDataSet,"xnjkjs.zc");
            zcsjtextBox.DataBindings.Add("Text", myDataSet, "xnjkjs.zcsj");
            zcfzdwtextBox.DataBindings.Add("Text", myDataSet, "xnjkjs.fzdw");
            zzmmcomboBox.DataBindings.Add("Text",myDataSet,"xnjkjs.zzmm");
            zgxlcomboBox.DataBindings.Add("Text",myDataSet,"xnjkjs.zgxl");
            byxxtextBox.DataBindings.Add("Text", myDataSet, "xnjkjs.byxx");
            bysjtextBox.DataBindings.Add("Text", myDataSet, "xnjkjs.bysj");
            zytextBox.DataBindings.Add("Text", myDataSet, "xnjkjs.zy");
            xwcomboBox.DataBindings.Add("Text",myDataSet,"xnjkjs.xw");
            gzsjtextBox.DataBindings.Add("Text", myDataSet, "xnjkjs.gzsj");
            gxjszgzsdwtextBox.DataBindings.Add("Text", myDataSet, "xnjkjs.gxjszgzdw");
            zshqsjtextBox.DataBindings.Add("Text", myDataSet, "xnjkjs.zshqsj");
            zwtextBox.DataBindings.Add("Text", myDataSet, "xnjkjs.zw");
            sfsscomboBox.DataBindings.Add("Text",myDataSet,"xnjkjs.sfss");
            rjbmcomboBox.DataBindings.Add("Text",myDataSet,"xnjkjs.bm");
            dhtextBox.DataBindings.Add("Text", myDataSet, "xnjkjs.dh");
            dzyxtextBox.DataBindings.Add("Text", myDataSet, "xnjkjs.dzyx");
            zptextBox.DataBindings.Add("Text", myDataSet, "xnjkjs.zp");
        }
        private void Buttons_Control(bool IsValid)
        {
            if (IsValid)
            {
                jghtextBox.Enabled = true;
                rzbmcomboBox.Enabled = true;
                xmtextBox.Enabled = true;
                xbcomboBox.Enabled = true;
                csnytextBox.Enabled = true;
                mzcomboBox.Enabled = true;
                zccomboBox.Enabled = true;
                zcsjtextBox.Enabled = true;
                zcfzdwtextBox.Enabled = true;
                zzmmcomboBox.Enabled = true;
                zgxlcomboBox.Enabled = true;
                byxxtextBox.Enabled = true;
                bysjtextBox.Enabled = true;
                zytextBox.Enabled = true;
                xwcomboBox.Enabled = true;
                gzsjtextBox.Enabled = true;
                gxjszgzsdwtextBox.Enabled = true;
                zshqsjtextBox.Enabled = true;
                zwtextBox.Enabled = true;
                sfsscomboBox.Enabled = true;
                rjbmcomboBox.Enabled = true;
                dhtextBox.Enabled = true;
                dzyxtextBox.Enabled = true;
                zptextBox.Enabled = true;
            }
```

```csharp
            else
            {
                jghtextBox.Enabled = false;
                rzbmcomboBox.Enabled = false;
                xmtextBox.Enabled = false;
                xbcomboBox.Enabled = false;
                csnytextBox.Enabled = false;
                mzcomboBox.Enabled = false;
                zccomboBox.Enabled = false;
                zcsjtextBox.Enabled = false;
                zcfzdwtextBox.Enabled = false;
                zzmmcomboBox.Enabled = false;
                zgxlcomboBox.Enabled = false;
                byxxtextBox.Enabled = false;
                bysjtextBox.Enabled = false;
                zytextBox.Enabled = false;
                xwcomboBox.Enabled = false;
                gzsjtextBox.Enabled = false;
                gxjszgzsdwtextBox.Enabled = false;
                zshqsjtextBox.Enabled = false;
                zwtextBox.Enabled = false;
                sfsscomboBox.Enabled = false;
                rjbmcomboBox.Enabled = false;
                dhtextBox.Enabled = false;
                dzyxtextBox.Enabled = false;
                zptextBox.Enabled = false;
            }
        }
        private void xnjk_Load(object sender, EventArgs e)
        {
            string selectCmd ;
            string connStr =
                "Provider = Microsoft.Jet.OLEDB.4.0;Data Source = jsglxt.mdb" ;
            selectCmd = "Select * From xnjkjs Order By jgh ASC";
            OleDbConnection conn ;
            OleDbDataAdapter myAdapter ;
            conn = new OleDbConnection(connStr);
            myAdapter = new OleDbDataAdapter(selectCmd, conn);
            myAdapter.Fill(myDataSet,"xnjkjs");
            DataSet_Bingding();
            dataGridView1.DataSource = myDataSet;
            dataGridView1.DataMember = "xnjkjs";
            Buttons_Control(false);
            myDataSet.AcceptChanges();
            dataGridView1.Refresh();
        }
        private void tjbutton_Click(object sender, EventArgs e)
        {
            Buttons_Control(true);
            qdbutton.Enabled = true;
            BindingContext[myDataSet, "xnjkjs"].AddNew();
```

```csharp
        f = true;
}

private void xgbutton_Click(object sender, EventArgs e)
{
    Buttons_Control(true);
    qdbutton.Enabled = true;
    f = false;
}
private void qdbutton_Click(object sender, EventArgs e)
{
    if (jghtextBox.Text == "")
        MessageBox.Show("教工号为必填项");
    else
    {
        if (f)
        {
            try
            {
                connStr =
                    "Provider = Microsoft.Jet.OLEDB.4.0;Data Source = jsglxt.mdb";
                insertCmd = "Insert Into xnjkjs(jgh, rzbm, xm, xb, csny, mz, zc, zcsj, fzdw, zzmm,
                    zgxl, byxx, bysj, zy, xw, gzsj, gxjszgzdw, zshqsj, zw, sfss, bm, dh, dzyx, zp) Values
                    (@教工号,@任职部门,@姓名,@性别,@出生年月,@民族,@职称,@职称获
                    取时间,@发证单位,@政治面貌,@最高学历,@毕业学校,@毕业时间,@专业,
                    @学位,@工作时间,@高校教师资格证书发证单位,@证书获取时间,@职务,@
                    是否双师,@任教部门,@电话,@电子邮箱,@照片)";
                OleDbCommand cmd;
                conn = new OleDbConnection(connStr);
                conn.Open();
                cmd = new OleDbCommand(insertCmd, conn);
                cmd.Parameters.Add(new OleDbParameter("@教工号", OleDbType.Char));
                cmd.Parameters.Add(new OleDbParameter("@任职部门", OleDbType.Char));
                cmd.Parameters.Add(new OleDbParameter("@姓名", OleDbType.Char));
                cmd.Parameters.Add(new OleDbParameter("@性别", OleDbType.Char));
                cmd.Parameters.Add(new OleDbParameter("@出生年月", OleDbType.Char));
                cmd.Parameters.Add(new OleDbParameter("@民族", OleDbType.Char));
                cmd.Parameters.Add(new OleDbParameter("@职称", OleDbType.Char));
                cmd.Parameters.Add(new OleDbParameter("@职称获取时间", OleDbType.Char));
                cmd.Parameters.Add(new OleDbParameter("@发证单位", OleDbType.Char));
                cmd.Parameters.Add(new OleDbParameter("@政治面貌", OleDbType.Char));
                cmd.Parameters.Add(new OleDbParameter("@最高学历", OleDbType.Char));
                cmd.Parameters.Add(new OleDbParameter("@毕业学校", OleDbType.Char));
                cmd.Parameters.Add(new OleDbParameter("@毕业时间", OleDbType.Char));
                cmd.Parameters.Add(new OleDbParameter("@专业", OleDbType.Char));
                cmd.Parameters.Add(new OleDbParameter("@学位", OleDbType.Char));
                cmd.Parameters.Add(new OleDbParameter("@工作时间", OleDbType.Char));
                cmd.Parameters.Add(new OleDbParameter("@高校教师资格证书发证单位",
                    OleDbType.Char));
                cmd.Parameters.Add(new OleDbParameter("@证书获取时间", OleDbType.Char));
                cmd.Parameters.Add(new OleDbParameter("@职务", OleDbType.Char));
```

```csharp
            cmd.Parameters.Add(new OleDbParameter("@是否双师", OleDbType.Char));
            cmd.Parameters.Add(new OleDbParameter("@任教部门", OleDbType.Char));
            cmd.Parameters.Add(new OleDbParameter("@电话", OleDbType.Char));
            cmd.Parameters.Add(new OleDbParameter("@电子邮箱", OleDbType.Char));
            cmd.Parameters.Add(new OleDbParameter("@照片", OleDbType.Char));
            cmd.Parameters["@教工号"].Value = jghtextBox.Text.ToString();
            cmd.Parameters["@任职部门"].Value = rzbmcomboBox.Text.ToString();
            cmd.Parameters["@姓名"].Value = xmtextBox.Text.ToString();
            cmd.Parameters["@性别"].Value = xbcomboBox.Text.ToString();
            cmd.Parameters["@出生年月"].Value = csnytextBox.Text.ToString();
            cmd.Parameters["@民族"].Value = mzcomboBox.Text.ToString();
            cmd.Parameters["@职称"].Value = zccomboBox.Text.ToString();
            cmd.Parameters["@职称获取时间"].Value = zcsjtextBox.Text.ToString();
            cmd.Parameters["@发证单位"].Value = zcfzdwtextBox.Text.ToString();
            cmd.Parameters["@政治面貌"].Value = zzmmcomboBox.Text.ToString();
            cmd.Parameters["@最高学历"].Value = zgxlcomboBox.Text.ToString();
            cmd.Parameters["@毕业学校"].Value = byxxtextBox.Text.ToString();
            cmd.Parameters["@毕业时间"].Value = bysjtextBox.Text.ToString();
            cmd.Parameters["@专业"].Value = zytextBox.Text.ToString();
            cmd.Parameters["@学位"].Value = xwcomboBox.Text.ToString();
            cmd.Parameters["@工作时间"].Value = gzsjtextBox.Text.ToString();
            cmd.Parameters["@高校教师资格证书发证单位"].Value =
                gxjszgzsdwtextBox.Text.ToString();
            cmd.Parameters["@证书获取时间"].Value = zshqsjtextBox.Text.ToString();
            cmd.Parameters["@职务"].Value = zwtextBox.Text.ToString();
            cmd.Parameters["@是否双师"].Value = sfsscomboBox.Text.ToString();
            cmd.Parameters["@任教部门"].Value = rjbmcomboBox.Text.ToString();
            cmd.Parameters["@电话"].Value = dhtextBox.Text.ToString();
            cmd.Parameters["@电子邮箱"].Value = dzyxtextBox.Text.ToString();
            cmd.Parameters["@照片"].Value = zptextBox.Text.ToString();
            cmd.ExecuteNonQuery();
            conn.Close();
            Buttons_Control(false);
            dataGridView1.Refresh();
            qdbutton.Enabled = false;
        }
        catch (Exception E)
        {
            MessageBox.Show(E.ToString());
        }
        finally
        {
            conn.Close();
            Buttons_Control(false);
        }
    }
    else
    {
        try
        {
            connStr =
```

```
"Provider = Microsoft.Jet.OLEDB.4.0;Data Source = jsglxt.mdb";
updateCmd = "UPDATE xnjkjs Set rzbm = @任职部门, xm = @姓名, xb = @性别,
csny = @出生年月, mz = @民族, zc = @职称, zcsj = @职称获取时间, fzdw = @发
证单位, zzmm = @政治面貌, zgxl = @最高学历, byxx = @毕业学校, bysj = @毕业
时间, zy = @专业, xw = @学位, gzsj = @工作时间, gxjszgzdw = @高校教师资格
证书发证单位, zshqsj = @证书获取时间, zw = @职务, sfss = @是否双师, bm = @
任教部门, dh = @电话, dzyx = @电子邮箱, zp = @照片 Where jgh = @教工号";
OleDbCommand cmd;
conn = new OleDbConnection(connStr);
conn.Open();
cmd = new OleDbCommand(updateCmd, conn);
cmd.Parameters.Add(new OleDbParameter("@任职部门", OleDbType.Char));
cmd.Parameters.Add(new OleDbParameter("@姓名", OleDbType.Char));
cmd.Parameters.Add(new OleDbParameter("@性别", OleDbType.Char));
cmd.Parameters.Add(new OleDbParameter("@出生年月", OleDbType.Char));
cmd.Parameters.Add(new OleDbParameter("@民族", OleDbType.Char));
cmd.Parameters.Add(new OleDbParameter("@职称", OleDbType.Char));
cmd.Parameters.Add(new OleDbParameter("@职称获取时间", OleDbType.Char));
cmd.Parameters.Add(new OleDbParameter("@发证单位", OleDbType.Char));
cmd.Parameters.Add(new OleDbParameter("@政治面貌", OleDbType.Char));
cmd.Parameters.Add(new OleDbParameter("@最高学历", OleDbType.Char));
cmd.Parameters.Add(new OleDbParameter("@毕业学校", OleDbType.Char));
cmd.Parameters.Add(new OleDbParameter("@毕业时间", OleDbType.Char));
cmd.Parameters.Add(new OleDbParameter("@专业", OleDbType.Char));
cmd.Parameters.Add(new OleDbParameter("@学位", OleDbType.Char));
cmd.Parameters.Add(new OleDbParameter("@工作时间", OleDbType.Char));
cmd.Parameters.Add(new OleDbParameter("@高校教师资格证书发证单位",
    OleDbType.Char));
cmd.Parameters.Add(new OleDbParameter("@证书获取时间", OleDbType.Char));
cmd.Parameters.Add(new OleDbParameter("@职务", OleDbType.Char));
cmd.Parameters.Add(new OleDbParameter("@是否双师", OleDbType.Char));
cmd.Parameters.Add(new OleDbParameter("@任教部门", OleDbType.Char));
cmd.Parameters.Add(new OleDbParameter("@电话", OleDbType.Char));
cmd.Parameters.Add(new OleDbParameter("@电子邮箱", OleDbType.Char));
cmd.Parameters.Add(new OleDbParameter("@照片", OleDbType.Char));
cmd.Parameters.Add(new OleDbParameter("@教工号", OleDbType.Char));
cmd.Parameters["@任职部门"].Value = rzbmcomboBox.Text.ToString();
cmd.Parameters["@姓名"].Value = xmtextBox.Text.ToString();
cmd.Parameters["@性别"].Value = xbcomboBox.Text.ToString();
cmd.Parameters["@出生年月"].Value = csnytextBox.Text.ToString();
cmd.Parameters["@民族"].Value = mzcomboBox.Text.ToString();
cmd.Parameters["@职称"].Value = zccomboBox.Text.ToString();
cmd.Parameters["@职称获取时间"].Value = zcsjtextBox.Text.ToString();
cmd.Parameters["@发证单位"].Value = zcfzdwtextBox.Text.ToString();
cmd.Parameters["@政治面貌"].Value = zzmmcomboBox.Text.ToString();
cmd.Parameters["@最高学历"].Value = zgxlcomboBox.Text.ToString();
cmd.Parameters["@毕业学校"].Value = byxxtextBox.Text.ToString();
cmd.Parameters["@毕业时间"].Value = bysjtextBox.Text.ToString();
cmd.Parameters["@专业"].Value = zytextBox.Text.ToString();
cmd.Parameters["@学位"].Value = xwcomboBox.Text.ToString();
cmd.Parameters["@工作时间"].Value = gzsjtextBox.Text.ToString();
```

```csharp
            cmd.Parameters["@高校教师资格证书发证单位"].Value = 
                gxjszgzsdwtextBox.Text.ToString();
            cmd.Parameters["@证书获取时间"].Value = zshqsjtextBox.Text.ToString();
            cmd.Parameters["@职务"].Value = zwtextBox.Text.ToString();
            cmd.Parameters["@是否双师"].Value = sfsscomboBox.Text.ToString();
            cmd.Parameters["@任教部门"].Value = rjbmcomboBox.Text.ToString();
            cmd.Parameters["@电话"].Value = dhtextBox.Text.ToString();
            cmd.Parameters["@电子邮箱"].Value = dzyxtextBox.Text.ToString();
            cmd.Parameters["@照片"].Value = zptextBox.Text.ToString();
            cmd.Parameters["@教工号"].Value = jghtextBox.Text.ToString();
            cmd.ExecuteNonQuery();
            BindingContext[myDataSet, "xnjkjs"].EndCurrentEdit();
            OleDbCommandBuilder commandbuilder1 = new OleDbCommandBuilder(myAdapterd);
            myDataSet.AcceptChanges();
            dataGridView1.Refresh();
            Buttons_Control(false);
            qdbutton.Enabled = false;
        }
        catch(Exception E)
        {
            MessageBox.Show(E.ToString());
        }
        finally
        {
            conn.Close();
            Buttons_Control(false);
        }
    }
}
private void qxbutton_Click(object sender, EventArgs e)
{
    try
    {
        this.BindingContext[this.myDataSet, "xnjkjs"].CancelCurrentEdit();
    }
    catch (System.Exception E)
    {
        MessageBox.Show(E.ToString());
    }
}
private void scbutton_Click(object sender, EventArgs e)
{
    string delCmd;
    connStr = "Provider=Microsoft.Jet.OLEDB.4.0;Data Source=jsglxt.mdb";
    delCmd = "Delete from xnjkjs where jgh=@教工号";
    OleDbCommand cmd;
    conn = new OleDbConnection(connStr);
    conn.Open();
    cmd = new OleDbCommand(delCmd, conn);
    Buttons_Control(true);
```

```
            cmd.Parameters.Add(new OleDbParameter("@教工号", OleDbType.Char));
            cmd.Parameters["@教工号"].Value = jghtextBox.Text.ToString();
            cmd.ExecuteNonQuery();
            conn.Close();
            int position = BindingContext[myDataSet, "xnjkjs"].Position;
            BindingContext[myDataSet, "xnjkjs"].RemoveAt(position);
            BindingContext[myDataSet, "xnjkjs"].EndCurrentEdit();
            OleDbCommandBuilder commandbuilder1 = new OleDbCommandBuilder(myAdapterd);
            myDataSet.AcceptChanges();
            Buttons_Control(false);
        }
        private void dcbutton_Click(object sender, EventArgs e)
        {
            string selectCmd;
            string connStr =
                "Provider = Microsoft.Jet.OLEDB.4.0;Data Source = jsglxt.mdb";
            selectCmd = "Select * From xnjkjs Order By jgh ASC";
            OleDbConnection conn;
            OleDbDataAdapter myAdapter;
            conn = new OleDbConnection(connStr);
            myAdapter = new OleDbDataAdapter(selectCmd, conn);
            myAdapter.Fill(myDataSet, "xnjkjsdc");
            myDataSet.AcceptChanges();
            Excel.Application myExcel = new Excel.Application();
            myExcel.Application.Workbooks.Add(true);
            myExcel.Visible = true;                             //让 Excel 文件可见
            myExcel.Cells[1, 7] = "'" + "校内兼课教师表";         //第一行为报表名称
            myExcel.Cells[1, 12] = "'" + "打印时间:" +
                System.DateTime.Now.ToShortDateString().ToString();
            for (int j = 0; j < 24; j++)
            {
                myExcel.Cells[3, 1 + j] = "'" + this.ListHeader[j];   //逐行写入表格标题
            }
            int iMaxRow = myDataSet.Tables["xnjkjsdc"].Rows.Count;
            int iMaxCol = myDataSet.Tables["xnjkjsdc"].Columns.Count;
            for (int i = 0; i < iMaxRow; i++)
            {
                for (int j = 0; j < iMaxCol; j++)
                {
                    myExcel.Cells[4 + i, 1 + j] = "'" +
                        myDataSet.Tables["xnjkjsdc"].Rows[i][j].ToString();
                }
            }
        }
        private void bfbutton_Click(object sender, EventArgs e)
        {
            MessageBox.Show("备份数据库 jsglxt");
            try
            {
                File.Copy("jsglxt.mdb", "D:\\jsglxt.mdb");
```

```csharp
                MessageBox.Show("数据库 jsglxt 已成功备份到 D 盘");
            }
            catch (Exception E)
            {
                MessageBox.Show(E.ToString());
                DialogResult Result;
                Result = MessageBox.Show("确定要替换数据库吗?", "", MessageBoxButtons.YesNo);
                if (Result == DialogResult.Yes)
                {
                    File.Delete("D:\\jsglxt.mdb");
                    File.Copy("jsglxt.mdb", "D:\\jsglxt.mdb");
                    MessageBox.Show("数据库 jsglxt 已成功备份到 D 盘");
                }
                else return;
            }
        }
        private void tcbutton_Click(object sender, EventArgs e)
        {
            this.Close();
        }
        private void button1_Click(object sender, EventArgs e)
        {
            if (myDataSet.Tables["xnjkjs"].Rows[BindingContext[myDataSet,
                "xnjkjs"].Position]["zp"].ToString()!= "")
            {
                try
                {
                    pictureBox1.SizeMode = PictureBoxSizeMode.StretchImage;
                    pictureBox1.Image =
                        Image.FromFile(myDataSet.Tables["xnjkjs"].Rows[BindingContext[myDataSet,
                        "xnjkjs"].Position]["zp"].ToString());
                }
                catch (Exception E)
                {
                    MessageBox.Show(E.ToString());
                }
            }
            else
                pictureBox1.Image = null;
        }
        private void dataGridView1_Click(object sender, EventArgs e)
        {
            pictureBox1.Image = null;
        }
        private string SearchStr_f()
        {
            string searchStr = null;
            bool first = true;
            if (jghtextBoxcx.Text!= "")
            {
                searchStr = "jgh = " + "'" + jghtextBoxcx.Text + "'";
```

```
            first = false;
    }
    if (xmtextBoxcx.Text!= "")
    {
        if (first)
        {
            searchStr = "xm = " + "'" + xmtextBoxcx.Text + "'";
            first = false;
        }
        else
        {
            searchStr = searchStr + " and xm = " + "'" + xmtextBoxcx.Text + "'";
        }
    }
    if (zccomboBoxcx.Text!= "")
    {
        if (first)
        {
            searchStr = "zc = " + "'" + zccomboBoxcx.Text + "'";
            first = false;
        }
        else
        {
            searchStr = searchStr + "and zc = " + "'" + zccomboBoxcx.Text + "'";
        }
    }
    if (rzbmcomboBoxcx.Text!= "")
    {
        if (first)
        {
            searchStr = "rzbm = " + "'" + rzbmcomboBoxcx.Text + "'";
            first = false;
        }
        else
        {
            searchStr = searchStr + "and rzbm = " + "'" + rzbmcomboBoxcx.Text + "'";
        }
    }
    if (rjbmcomboBoxcx.Text!= "")
    {
        if (first)
        {
            searchStr = "bm = " + "'" + rjbmcomboBoxcx.Text + "'";
            first = false;
        }
        else
        {
            searchStr = searchStr + "and bm = " + "'" + rjbmcomboBoxcx.Text + "'";
        }
    }
    return searchStr;
```

```csharp
        }
        private void cxbuttoncx_Click(object sender, EventArgs e)
        {
            if (SearchStr_f()!= null)
            {
                try
                {
                    string selectCmd;
                    string connStr =
                        "Provider = Microsoft.Jet.OLEDB.4.0;Data Source = jsglxt.mdb";
                    selectCmd = "Select * From xnjkjs Order By jgh ASC";
                    OleDbConnection conn;
                    OleDbDataAdapter myAdapter;
                    conn = new OleDbConnection(connStr);
                    conn.Open();
                    myAdapter = new OleDbDataAdapter(selectCmd, conn);
                    myDataView.Table = myDataSet.Tables["xnjkjs"];
                    myDataView.RowFilter = SearchStr_f();
                    dataGridView2.DataSource = myDataView;
                    myDataSet.AcceptChanges();
                    dataGridView2.Refresh();
                }
                catch (System.Exception E)
                {
                    MessageBox.Show(E.ToString());
                }
                if (this.myDataView.Count == 0)
                    MessageBox.Show("没有符合查询条件的记录", "没有记录", MessageBoxButtons.OK,
                    MessageBoxIcon.Information);
            }
            jghtextBoxcx.Clear();
            xmtextBoxcx.Clear();
            zccomboBoxcx.Text = "";
            rzbmcomboBoxcx.Text = "";
            rjbmcomboBoxcx.Text = "";
        }
        private void qxbuttoncx_Click(object sender, EventArgs e)
        {
            jghtextBoxcx.Clear();
            xmtextBoxcx.Clear();
            zccomboBoxcx.Text = "";
            rzbmcomboBoxcx.Text = "";
            rjbmcomboBoxcx.Text = "";


        }
        private void dcbuttoncx_Click(object sender, EventArgs e)
        {
            Excel.Application myExcel = new Excel.Application();
            myExcel.Application.Workbooks.Add(true);
            myExcel.Visible = true;                                       //让 Excel 文件可见
            myExcel.Cells[1, 7] = "'" + "校内兼课教师查询表";              //第一行为报表名称
```

```csharp
        myExcel.Cells[1, 12] = "'" + "打印时间:" + 
            System.DateTime.Now.ToShortDateString().ToString();
        for (int j = 0; j < 24; j++)
        {
            myExcel.Cells[3, 1 + j] = "'" + this.ListHeader[j];
        }
        for (int i = 0; i < myDataView.Count; i++)
        {
            for (int j = 0; j < 24; j++)
            {
                myExcel.Cells[4 + i, 1 + j] = "'" + this.myDataView[i][j].ToString();
            }
        }
    }
    private void tcbuttoncx_Click(object sender, EventArgs e)
    {
        this.Close();
    }
```

2. "校外兼课教师"模块功能实现。
程序代码：

```csharp
using System.IO;
using System.Data.OleDb;
private DataSet myDataSet = new DataSet();
string connStr, insertCmd;
private OleDbDataAdapter myAdapterd = null;
private OleDbConnection conn = null;
DataView myDataView = new DataView();
bool f = false;
string updateCmd;
private string[] ListHeader = { "聘任系部", "教工号", "姓名", "性别", "出生年月", "工作时间", "民族", "职称", "职称获取时间", "发证单位", "政治面貌", "最高学历", "毕业学校", "毕业时间", "专业", "学位", "职业资格证书", "证书发证单位", "证书获取时间", "当前工作单位", "职务", "任职时间", "是否双师", "聘任时间", "乘车地点", "电话", "电子邮箱", "本学期", "本学期任课", "照片" };
private void DataSet_Bingding()
{
    prxbcomboBoxxw.DataBindings.Add("Text", myDataSet, "xwjkjs.prxb");
    jghtextBoxxw.DataBindings.Add("Text", myDataSet, "xwjkjs.jgh");
    xmtextBoxxw.DataBindings.Add("Text", myDataSet, "xwjkjs.xm");
    xbcomboBoxxw.DataBindings.Add("Text", myDataSet, "xwjkjs.xb");
    csnytextBoxxw.DataBindings.Add("Text", myDataSet, "xwjkjs.csny");
    gzsjtextBoxxw.DataBindings.Add("Text", myDataSet, "xwjkjs.gzsj");
    mzcomboBoxxw.DataBindings.Add("Text", myDataSet, "xwjkjs.mz");
    zccomboBoxxw.DataBindings.Add("Text", myDataSet, "xwjkjs.zc");
    zcsjtextBoxxw.DataBindings.Add("Text", myDataSet, "xwjkjs.zcsj");
    zcfzdwtextBoxxw.DataBindings.Add("Text", myDataSet, "xwjkjs.fzdw");
    zzmmcomboBoxxw.DataBindings.Add("Text", myDataSet, "xwjkjs.zzmm");
    zgxlcomboBoxxw.DataBindings.Add("Text", myDataSet, "xwjkjs.zgxl");
    byxxtextBoxxw.DataBindings.Add("Text", myDataSet, "xwjkjs.byxx");
```

```csharp
            bysjtextBoxxw.DataBindings.Add("Text", myDataSet, "xwjkjs.bysj");
            zytextBoxxw.DataBindings.Add("Text", myDataSet, "xwjkjs.zy");
            xwcomboBoxxw.DataBindings.Add("Text", myDataSet, "xwjkjs.xw");
            zyzgzstextBoxxw.DataBindings.Add("Text", myDataSet, "xwjkjs.zyzgzs");
            zgzsfzdwtextBoxxw.DataBindings.Add("Text", myDataSet, "xwjkjs.zsfzdw");
            zgzshqsjtextBoxxw.DataBindings.Add("Text", myDataSet, "xwjkjs.zshqsj");
            dqgzdwtextBoxxw.DataBindings.Add("Text", myDataSet, "xwjkjs.dqgzdw");
            zwtextBoxxw.DataBindings.Add("Text", myDataSet, "xwjkjs.zw");
            rzsjtextBoxxw.DataBindings.Add("Text", myDataSet, "xwjkjs.rzsj");
            sfsscomboBoxxw.DataBindings.Add("Text", myDataSet, "xwjkjs.sfss");
            prsjtextBoxxw.DataBindings.Add("Text", myDataSet, "xwjkjs.prsj");
            ccddtextBoxxw.DataBindings.Add("Text", myDataSet, "xwjkjs.ccdd");
            dhtextBoxxw.DataBindings.Add("Text", myDataSet, "xwjkjs.dh");
            dzyxtextBoxxw.DataBindings.Add("Text", myDataSet, "xwjkjs.dzyx");
            bxqcomboBoxxw.DataBindings.Add("Text", myDataSet, "xwjkjs.bxq");
            bxqrktextBoxxw.DataBindings.Add("Text", myDataSet, "xwjkjs.bxqrk");
            zptextBoxxw.DataBindings.Add("Text", myDataSet, "xwjkjs.zp");
        }
        private void xwjk_Load(object sender, EventArgs e)
        {
            string selectCmd;
            string connStr =
                "Provider = Microsoft.Jet.OLEDB.4.0;Data Source = jsglxt.mdb";
            selectCmd = "Select * From xwjkjs Order By jgh ASC";
            OleDbConnection conn;
            OleDbDataAdapter myAdapter;
            conn = new OleDbConnection(connStr);
            myAdapter = new OleDbDataAdapter(selectCmd, conn);
            myAdapter.Fill(myDataSet, "xwjkjs");
            dataGridView1.DataSource = myDataSet;
            dataGridView1.DataMember = "xwjkjs";
            DataSet_Bingding();
            Buttons_Control(false);
            myDataSet.AcceptChanges();
            dataGridView1.Refresh();
        }
        private void Buttons_Control(bool IsValid)
        {
            if (IsValid)
            {
                prxbcomboBoxxw.Enabled = true;
                jghtextBoxxw.Enabled = true;
                xmtextBoxxw.Enabled = true;
                xbcomboBoxxw.Enabled = true;
                csnytextBoxxw.Enabled = true;
                gzsjtextBoxxw.Enabled = true;
                mzcomboBoxxw.Enabled = true;
                zccomboBoxxw.Enabled = true;
                zcsjtextBoxxw.Enabled = true;
                zcfzdwtextBoxxw.Enabled = true;
                zzmmcomboBoxxw.Enabled = true;
```

```
            zgxlcomboBoxxw.Enabled = true;
            byxxtextBoxxw.Enabled = true;
            bysjtextBoxxw.Enabled = true;
            zytextBoxxw.Enabled = true;
            xwcomboBoxxw.Enabled = true;
            zyzgzstextBoxxw.Enabled = true;
            zgzsfzdwtextBoxxw.Enabled = true;
            zgzshqsjtextBoxxw.Enabled = true;
            dqgzdwtextBoxxw.Enabled = true;
            zwtextBoxxw.Enabled = true;
            rzsjtextBoxxw.Enabled = true;
            sfsscomboBoxxw.Enabled = true;
            prsjtextBoxxw.Enabled = true;
            ccddtextBoxxw.Enabled = true;
            dhtextBoxxw.Enabled = true;
            dzyxtextBoxxw.Enabled = true;
            bxqcomboBoxxw.Enabled = true;
            bxqrktextBoxxw.Enabled = true;
            zptextBoxxw.Enabled = true;
        }
        else
        {
            prxbcomboBoxxw.Enabled = false;
            jghtextBoxxw.Enabled = false;
            xmtextBoxxw.Enabled = false;
            xbcomboBoxxw.Enabled = false;
            csnytextBoxxw.Enabled = false;
            gzsjtextBoxxw.Enabled = false;
            mzcomboBoxxw.Enabled = false;
            zccomboBoxxw.Enabled = false;
            zcsjtextBoxxw.Enabled = false;
            zcfzdwtextBoxxw.Enabled = false;
            zzmmcomboBoxxw.Enabled = false;
            zgxlcomboBoxxw.Enabled = false;
            byxxtextBoxxw.Enabled = false;
            bysjtextBoxxw.Enabled = false;
            zytextBoxxw.Enabled = false;
            xwcomboBoxxw.Enabled = false;
            zyzgzstextBoxxw.Enabled = false;
            zgzsfzdwtextBoxxw.Enabled = false;
            zgzshqsjtextBoxxw.Enabled = false;
            dqgzdwtextBoxxw.Enabled = false;
            zwtextBoxxw.Enabled = false;
            rzsjtextBoxxw.Enabled = false;
            sfsscomboBoxxw.Enabled = false;
            prsjtextBoxxw.Enabled = false;
            ccddtextBoxxw.Enabled = false;
            dhtextBoxxw.Enabled = false;
            dzyxtextBoxxw.Enabled = false;
            bxqcomboBoxxw.Enabled = false;
            bxqrktextBoxxw.Enabled = false;
```

```csharp
            zptextBoxxw.Enabled = false;

        }
    }
    private void tjbutton_Click(object sender, EventArgs e)
    {
        Buttons_Control(true);
        qdbutton.Enabled = true;
        BindingContext[myDataSet, "xwjkjs"].AddNew();
        f = true;
    }
    private void xgbutton_Click(object sender, EventArgs e)
    {
        Buttons_Control(true);
        qdbutton.Enabled = true;
        f = false;
    }
    private void qdbutton_Click(object sender, EventArgs e)
    {
        if (jghtextBoxxw.Text == "")
            MessageBox.Show("教工号为必填项");
        else
        {
            if (f)
            {
                try
                {
                    connStr =
                        "Provider = Microsoft.Jet.OLEDB.4.0;Data Source = jsglxt.mdb";
                    insertCmd = "Insert Into xwjkjs(prxb,jgh,xm,xb,csny,gzsj,mz,zczcsj,fzdw,zzmm,zgxl,byxx,bysj,zy,xw,zyzgzs,zsfzdw,zshqsj,dqgzdw,zw,rzsj,sfss,prsj,ccdd,dh,dzyx,bxq,bxqrk,zp)Values(@聘任系部,@教工号,@姓名,@性别,@出生年月,@工作时间,@民族,@职称,@职称获取时间,@发证单位,@政治面貌,@最高学历,@毕业学校,@毕业时间,@专业,@学位,@职业资格证书,@证书发证单位,@证书获取时间,@当前工作单位,@职务,@任职时间,@是否双师,@聘任时间,@乘车地点,@电话,@电子邮箱,@本学期,@本学期任课,@照片)";
                    OleDbCommand cmd;
                    conn = new OleDbConnection(connStr);
                    conn.Open();
                    cmd = new OleDbCommand(insertCmd, conn);
                    cmd.Parameters.Add(new OleDbParameter("@聘任系部", OleDbType.Char));
                    cmd.Parameters.Add(new OleDbParameter("@教工号", OleDbType.Char));
                    cmd.Parameters.Add(new OleDbParameter("@姓名", OleDbType.Char));
                    cmd.Parameters.Add(new OleDbParameter("@性别", OleDbType.Char));
                    cmd.Parameters.Add(new OleDbParameter("@出生年月", OleDbType.Char));
                    cmd.Parameters.Add(new OleDbParameter("@工作时间", OleDbType.Char));
                    cmd.Parameters.Add(new OleDbParameter("@民族", OleDbType.Char));
                    cmd.Parameters.Add(new OleDbParameter("@职称", OleDbType.Char));
                    cmd.Parameters.Add(new OleDbParameter("@职称获取时间", OleDbType.Char));
                    cmd.Parameters.Add(new OleDbParameter("@发证单位", OleDbType.Char));
                    cmd.Parameters.Add(new OleDbParameter("@政治面貌", OleDbType.Char));
```

```
cmd.Parameters.Add(new OleDbParameter("@最高学历", OleDbType.Char));
cmd.Parameters.Add(new OleDbParameter("@毕业学校", OleDbType.Char));
cmd.Parameters.Add(new OleDbParameter("@毕业时间", OleDbType.Char));
cmd.Parameters.Add(new OleDbParameter("@专业", OleDbType.Char));
cmd.Parameters.Add(new OleDbParameter("@学位", OleDbType.Char));
cmd.Parameters.Add(new OleDbParameter("@职业资格证书", OleDbType.Char));
cmd.Parameters.Add(new OleDbParameter("@证书发证单位", OleDbType.Char));
cmd.Parameters.Add(new OleDbParameter("@证书获取时间", OleDbType.Char));
cmd.Parameters.Add(new OleDbParameter("@当前工作单位", OleDbType.Char));
cmd.Parameters.Add(new OleDbParameter("@职务", OleDbType.Char));
cmd.Parameters.Add(new OleDbParameter("@任职时间", OleDbType.Char));
cmd.Parameters.Add(new OleDbParameter("@是否双师", OleDbType.Char));
cmd.Parameters.Add(new OleDbParameter("@聘任时间", OleDbType.Char));
cmd.Parameters.Add(new OleDbParameter("@乘车地点", OleDbType.Char));
cmd.Parameters.Add(new OleDbParameter("@电话", OleDbType.Char));
cmd.Parameters.Add(new OleDbParameter("@电子邮箱", OleDbType.Char));
cmd.Parameters.Add(new OleDbParameter("@本学期", OleDbType.Char));
cmd.Parameters.Add(new OleDbParameter("@本学期任课", OleDbType.Char));
cmd.Parameters.Add(new OleDbParameter("@照片", OleDbType.Char));
cmd.Parameters["@聘任系部"].Value = prxbcomboBoxxw.Text.ToString();
cmd.Parameters["@教工号"].Value = jghtextBoxxw.Text.ToString();
cmd.Parameters["@姓名"].Value = xmtextBoxxw.Text.ToString();
cmd.Parameters["@性别"].Value = xbcomboBoxxw.Text.ToString();
cmd.Parameters["@出生年月"].Value = csnytextBoxxw.Text.ToString();
cmd.Parameters["@工作时间"].Value = gzsjtextBoxxw.Text.ToString();
cmd.Parameters["@民族"].Value = mzcomboBoxxw.Text.ToString();
cmd.Parameters["@职称"].Value = zccomboBoxxw.Text.ToString();
cmd.Parameters["@职称获取时间"].Value = zcsjtextBoxxw.Text.ToString();
cmd.Parameters["@发证单位"].Value = zcfzdwtextBoxxw.Text.ToString();
cmd.Parameters["@政治面貌"].Value = zzmmcomboBoxxw.Text.ToString();
cmd.Parameters["@最高学历"].Value = zgxlcomboBoxxw.Text.ToString();
cmd.Parameters["@毕业学校"].Value = byxxtextBoxxw.Text.ToString();
cmd.Parameters["@毕业时间"].Value = bysjtextBoxxw.Text.ToString();
cmd.Parameters["@专业"].Value = zytextBoxxw.Text.ToString();
cmd.Parameters["@学位"].Value = xwcomboBoxxw.Text.ToString();
cmd.Parameters["@职业资格证书"].Value = zyzgzstextBoxxw.Text.ToString();
cmd.Parameters["@证书发证单位"].Value = zgzsfzdwtextBoxxw.Text.ToString();
cmd.Parameters["@证书获取时间"].Value = zgzshqsjtextBoxxw.Text.ToString();
cmd.Parameters["@当前工作单位"].Value = dqgzdwtextBoxxw.Text.ToString();
cmd.Parameters["@职务"].Value = zwtextBoxxw.Text.ToString();
cmd.Parameters["@任职时间"].Value = rzsjtextBoxxw.Text.ToString();
cmd.Parameters["@是否双师"].Value = sfsscomboBoxxw.Text.ToString();
cmd.Parameters["@聘任时间"].Value = prsjtextBoxxw.Text.ToString();
cmd.Parameters["@乘车地点"].Value = ccddtextBoxxw.Text.ToString();
cmd.Parameters["@电话"].Value = dhtextBoxxw.Text.ToString();
cmd.Parameters["@电子邮箱"].Value = dzyxtextBoxxw.Text.ToString();
cmd.Parameters["@本学期"].Value = bxqcomboBoxxw.Text.ToString();
cmd.Parameters["@本学期任课"].Value = bxqrktextBoxxw.Text.ToString();
cmd.Parameters["@照片"].Value = zptextBoxxw.Text.ToString();
cmd.ExecuteNonQuery();
conn.Close();
```

```csharp
                Buttons_Control(false);
                dataGridView1.Refresh();
                qdbutton.Enabled = false;
            }
            catch(Exception E)
            {
                MessageBox.Show(E.ToString());
            }
            finally
            {
                conn.Close();
                Buttons_Control(false);
            }
        }
        else
        {
            try
            {
                connStr =
                    "Provider = Microsoft.Jet.OLEDB.4.0;Data Source = jsglxt.mdb";
                updateCmd = "UPDATE xwjkjs Set prxb = @聘任系部, xm = @姓名, xb = @性别,
                    csny = @出生年月, gzsj = @工作时间, mz = @民族, zc = @职称, zcsj = @职称获
                    取时间, fzdw = @发证单位, zzmm = @政治面貌, zgxl = @最高学历, byxx = @毕业
                    学校, bysj = @毕业时间, zy = @专业, xw = @学位, zyzgzs = @职业资格证书,
                    zsfzdw = @证书发证单位, zshqsj = @证书获取时间, dqgzdw = @当前工作单位,
                    zw = @职务, rzsj = @任职时间, sfss = @是否双师, prsj = @聘任时间, ccdd = @
                    乘车地点, dh = @电话, dzyx = @电子邮箱, bxq = @本学期, bxqrk = @本学期任
                    课, zp = @照片 Where jgh = @教工号";
                OleDbCommand cmd;
                conn = new OleDbConnection(connStr);
                conn.Open();
                cmd = new OleDbCommand(updateCmd, conn);
                cmd.Parameters.Add(new OleDbParameter("@聘任系部", OleDbType.Char));
                cmd.Parameters.Add(new OleDbParameter("@姓名", OleDbType.Char));
                cmd.Parameters.Add(new OleDbParameter("@性别", OleDbType.Char));
                cmd.Parameters.Add(new OleDbParameter("@出生年月", OleDbType.Char));
                cmd.Parameters.Add(new OleDbParameter("@工作时间", OleDbType.Char));
                cmd.Parameters.Add(new OleDbParameter("@民族", OleDbType.Char));
                cmd.Parameters.Add(new OleDbParameter("@职称", OleDbType.Char));
                cmd.Parameters.Add(new OleDbParameter("@职称获取时间", OleDbType.Char));
                cmd.Parameters.Add(new OleDbParameter("@发证单位", OleDbType.Char));
                cmd.Parameters.Add(new OleDbParameter("@政治面貌", OleDbType.Char));
                cmd.Parameters.Add(new OleDbParameter("@最高学历", OleDbType.Char));
                cmd.Parameters.Add(new OleDbParameter("@毕业学校", OleDbType.Char));
                cmd.Parameters.Add(new OleDbParameter("@毕业时间", OleDbType.Char));
                cmd.Parameters.Add(new OleDbParameter("@专业", OleDbType.Char));
                cmd.Parameters.Add(new OleDbParameter("@学位", OleDbType.Char));
                cmd.Parameters.Add(new OleDbParameter("@职业资格证书", OleDbType.Char));
                cmd.Parameters.Add(new OleDbParameter("@证书发证单位", OleDbType.Char));
                cmd.Parameters.Add(new OleDbParameter("@证书获取时间", OleDbType.Char));
```

```
                cmd.Parameters.Add(new OleDbParameter("@当前工作单位", OleDbType.Char));
                cmd.Parameters.Add(new OleDbParameter("@职务", OleDbType.Char));
                cmd.Parameters.Add(new OleDbParameter("@任职时间", OleDbType.Char));
                cmd.Parameters.Add(new OleDbParameter("@是否双师", OleDbType.Char));
                cmd.Parameters.Add(new OleDbParameter("@聘任时间", OleDbType.Char));
                cmd.Parameters.Add(new OleDbParameter("@乘车地点", OleDbType.Char));
                cmd.Parameters.Add(new OleDbParameter("@电话", OleDbType.Char));
                cmd.Parameters.Add(new OleDbParameter("@电子邮箱", OleDbType.Char));
                cmd.Parameters.Add(new OleDbParameter("@本学期", OleDbType.Char));
                cmd.Parameters.Add(new OleDbParameter("@本学期任课", OleDbType.Char));
                cmd.Parameters.Add(new OleDbParameter("@照片", OleDbType.Char));
                cmd.Parameters.Add(new OleDbParameter("@教工号", OleDbType.Char));
                cmd.Parameters["@聘任系部"].Value = prxbcomboBoxxw.Text.ToString();
                cmd.Parameters["@姓名"].Value = xmtextBoxxw.Text.ToString();
                cmd.Parameters["@性别"].Value = xbcomboBoxxw.Text.ToString();
                cmd.Parameters["@出生年月"].Value = csnytextBoxxw.Text.ToString();
                cmd.Parameters["@工作时间"].Value = gzsjtextBoxxw.Text.ToString();
                cmd.Parameters["@民族"].Value = mzcomboBoxxw.Text.ToString();
                cmd.Parameters["@职称"].Value = zccomboBoxxw.Text.ToString();
                cmd.Parameters["@职称获取时间"].Value = zcsjtextBoxxw.Text.ToString();
                cmd.Parameters["@发证单位"].Value = zcfzdwtextBoxxw.Text.ToString();
                cmd.Parameters["@政治面貌"].Value = zzmmcomboBoxxw.Text.ToString();
                cmd.Parameters["@最高学历"].Value = zgxlcomboBoxxw.Text.ToString();
                cmd.Parameters["@毕业学校"].Value = byxxtextBoxxw.Text.ToString();
                cmd.Parameters["@毕业时间"].Value = bysjtextBoxxw.Text.ToString();
                cmd.Parameters["@专业"].Value = zytextBoxxw.Text.ToString();
                cmd.Parameters["@学位"].Value = xwcomboBoxxw.Text.ToString();
                cmd.Parameters["@职业资格证书"].Value = zyzgzstextBoxxw.Text.ToString();
                cmd.Parameters["@证书发证单位"].Value = zgzsfzdwtextBoxxw.Text.ToString();
                cmd.Parameters["@证书获取时间"].Value = zgzshqsjtextBoxxw.Text.ToString();
                cmd.Parameters["@当前工作单位"].Value = dqgzdwtextBoxxw.Text.ToString();
                cmd.Parameters["@职务"].Value = zwtextBoxxw.Text.ToString();
                cmd.Parameters["@任职时间"].Value = rzsjtextBoxxw.Text.ToString();
                cmd.Parameters["@是否双师"].Value = sfsscomboBoxxw.Text.ToString();
                cmd.Parameters["@聘任时间"].Value = prsjtextBoxxw.Text.ToString();
                cmd.Parameters["@乘车地点"].Value = ccddtextBoxxw.Text.ToString();
                cmd.Parameters["@电话"].Value = dhtextBoxxw.Text.ToString();
                cmd.Parameters["@电子邮箱"].Value = dzyxtextBoxxw.Text.ToString();
                cmd.Parameters["@本学期"].Value = bxqcomboBoxxw.Text.ToString();
                cmd.Parameters["@本学期任课"].Value = bxqrktextBoxxw.Text.ToString();
                cmd.Parameters["@照片"].Value = zptextBoxxw.Text.ToString();
                cmd.Parameters["@教工号"].Value = jghtextBoxxw.Text.ToString();
                cmd.ExecuteNonQuery();
                BindingContext[myDataSet, "xwjkjs"].EndCurrentEdit();
                OleDbCommandBuilder commandbuilder1 = new OleDbCommandBuilder(myAdapterd);
                myDataSet.AcceptChanges();
                dataGridView1.Refresh();
                Buttons_Control(false);
                qdbutton.Enabled = false;
            }
            catch (Exception E)
```

```csharp
            {
                MessageBox.Show(E.ToString());
            }
            finally
            {
                conn.Close();
                Buttons_Control(false);
            }
        }
    }
    private void qxbutton_Click(object sender, EventArgs e)
    {
        try
        {
            BindingContext[myDataSet, "xwjkjs"].CancelCurrentEdit();
        }
        catch (System.Exception E)
        {
            MessageBox.Show(E.ToString());
        }
    }
    private void scbutton_Click(object sender, EventArgs e)
    {
        string delCmd;
        connStr = "Provider = Microsoft.Jet.OLEDB.4.0;Data Source = jsglxt.mdb";
        delCmd = "Delete from xwjkjs where jgh = @教工号";
        OleDbCommand cmd;
        conn = new OleDbConnection(connStr);
        conn.Open();
        cmd = new OleDbCommand(delCmd, conn);
        Buttons_Control(true);
        cmd.Parameters.Add(new OleDbParameter("@教工号", OleDbType.Char));
        cmd.Parameters["@教工号"].Value = jghtextBoxxw.Text.ToString();
        cmd.ExecuteNonQuery();
        conn.Close();
        int position = BindingContext[myDataSet, "xwjkjs"].Position;
        BindingContext[myDataSet, "xwjkjs"].RemoveAt(position);
        BindingContext[myDataSet, "xwjkjs"].EndCurrentEdit();
        OleDbCommandBuilder commandbuilder1 = new OleDbCommandBuilder(myAdapterd);
        myDataSet.AcceptChanges();
        Buttons_Control(false);
    }
    private void dcbutton_Click(object sender, EventArgs e)
    {
        string selectCmd;
        string connStr =
            "Provider = Microsoft.Jet.OLEDB.4.0;Data Source = jsglxt.mdb";
        selectCmd = "Select * From xwjkjs Order By jgh ASC";
        OleDbConnection conn;
        OleDbDataAdapter myAdapter;
```

```csharp
        conn = new OleDbConnection(connStr);
        myAdapter = new OleDbDataAdapter(selectCmd, conn);
        myAdapter.Fill(myDataSet, "xwjkjsdc");
        Excel.Application myExcel = new Excel.Application();
        myExcel.Application.Workbooks.Add(true);
        myExcel.Visible = true;                            //让 Excel 文件可见
        myExcel.Cells[1, 7] = "'" + "校外兼课教师表";
        myExcel.Cells[1, 10] = "'" + "打印时间:" +
System.DateTime.Now.ToShortDateString().ToString();
        for (int j = 0; j < 30; j++)
        {
            myExcel.Cells[3, 1 + j] = "'" + this.ListHeader[j];
        }
        int iMaxRow = myDataSet.Tables["xwjkjsdc"].Rows.Count;
        int iMaxCol = myDataSet.Tables["xwjkjsdc"].Columns.Count;
        for (int i = 0; i < iMaxRow; i++)
        {
            for (int j = 0; j < iMaxCol; j++)
            {
                myExcel.Cells[4 + i, 1 + j] = "'" +
                    this.myDataSet.Tables["xwjkjsdc"].Rows[i][j].ToString();
            }
        }
    }
    private void bfbutton_Click(object sender, EventArgs e)
    {
        MessageBox.Show("备份数据库 jsglxt");
        try
        {
            File.Copy("jsglxt.mdb", "D:\\jsglxt.mdb");
            MessageBox.Show("数据库 jsglxt 已成功备份到 D 盘");
        }
        catch (Exception E)
        {
            MessageBox.Show(E.ToString());
            DialogResult Result;
            Result = MessageBox.Show("确定要替换数据库吗?", "", MessageBoxButtons.YesNo);
            if (Result == DialogResult.Yes)
            {
                File.Delete("D:\\jsglxt.mdb");
                File.Copy("jsglxt.mdb", "D:\\jsglxt.mdb");
                MessageBox.Show("数据库 jsglxt 已成功备份到 D 盘");
            }
            else return;
        }
    }
    private void tcbutton_Click(object sender, EventArgs e)
    {
        this.Close();
    }
    private void xszpbutton_Click(object sender, EventArgs e)
```

```csharp
        {
            if (myDataSet.Tables["xwjkjs"].Rows[BindingContext[myDataSet,
                "xwjkjs"].Position]["zp"].ToString()!= "")
            {
                try
                {
                    pictureBox1.SizeMode = PictureBoxSizeMode.StretchImage;
                    pictureBox1.Image =
                        Image.FromFile(myDataSet.Tables["xwjkjs"].Rows[BindingContext[myDataSet,
                        "xwjkjs"].Position]["zp"].ToString());
                }
                catch (Exception E)
                {
                    MessageBox.Show(E.ToString());
                }
            }
            else
                pictureBox1.Image = null;
        }
        private void dataGridView1_Click(object sender, EventArgs e)
        {
            pictureBox1.Image = null;
        }
        private string SearchStr_f()
        {
            string searchStr = null;
            bool first = true;
            if (prxbcomboBoxcx.Text!= "")
            {
                searchStr = "prxb = " + "'" + prxbcomboBoxcx.Text + "'";
                first = false;
            }
            if (jghtextBox.Text!= "")
            {
                if (first)
                {
                    searchStr = "jgh = " + "'" + jghtextBox.Text + "'";
                    first = false;
                }
                else
                {
                    searchStr = searchStr + " and jgh = " + "'" + jghtextBox.Text + "'";
                }
            }
            if (xmtextBoxcx.Text!= "")
            {
                if (first)
                {
                    searchStr = "xm = " + "'" + xmtextBoxcx.Text + "'";
                    first = false;
```

```
            }
            else
            {
                searchStr = searchStr + "and xm = " + "'" + xmtextBoxcx.Text + "'";
            }
        }
        if (zccomboBoxcx.Text!= "")
        {
            if (first)
            {
                searchStr = "zc = " + "'" + zccomboBoxcx.Text + "'";
                first = false;
            }
            else
            {
                searchStr = searchStr + "and zc = " + "'" + zccomboBoxcx.Text + "'";
            }
        }
        if (sfsscomboBoxcx.Text!= "")
        {
            if (first)
            {
                searchStr = "sfss = " + "'" + sfsscomboBoxcx.Text + "'";
                first = false;
            }
            else
            {
                searchStr = searchStr + "and sfss = " + "'" + sfsscomboBoxcx.Text + "'";
            }
        }
        if (bxqcomboBoxcx.Text!= "")
        {
            if (first)
            {
                searchStr = "bxq = " + "'" + bxqcomboBoxcx.Text + "'";
                first = false;
            }
            else
            {
                searchStr = searchStr + "and bxq = " + "'" + bxqcomboBoxcx.Text + "'";
            }
        }
        return searchStr;
    }
    private void cxbuttoncx_Click(object sender, EventArgs e)
    {
        if (SearchStr_f()!= null)
        {
            try
            {
                string selectCmd;
```

```csharp
            string connStr =
                "Provider = Microsoft.Jet.OLEDB.4.0;Data Source = jsglxt.mdb";
            selectCmd = "Select * From xwjkjs Order By jgh ASC";
            OleDbConnection conn;
            OleDbDataAdapter myAdapter;
            conn = new OleDbConnection(connStr);
            conn.Open();
            myAdapter = new OleDbDataAdapter(selectCmd, conn);
            myDataView.Table = myDataSet.Tables["xwjkjs"];
            myDataView.RowFilter = SearchStr_f();
            dataGridView2.DataSource = myDataView;
            myDataSet.AcceptChanges();
            dataGridView2.Refresh();
        }
        catch (Exception E)
        {
            MessageBox.Show(E.ToString());
        }
        if (myDataView.Count == 0)
            MessageBox.Show("没有符合查询条件的记录", "没有记录", MessageBoxButtons.OK,
                MessageBoxIcon.Information);
    }
    prxbcomboBoxcx.Text = "";
    jghtextBox.Clear();
    xmtextBoxcx.Clear();
    zccomboBoxcx.Text = "";
    sfsscomboBoxcx.Text = "";
    bxqcomboBoxcx.Text = "";
}
private void qxbuttoncx_Click(object sender, EventArgs e)
{
    prxbcomboBoxcx.Text = "";
    jghtextBox.Clear();
    xmtextBoxcx.Clear();
    zccomboBoxcx.Text = "";
    sfsscomboBoxcx.Text = "";
    bxqcomboBoxcx.Text = "";
}
private void dcbuttoncx_Click(object sender, EventArgs e)
{
    Excel.Application myExcel = new Excel.Application();
    myExcel.Application.Workbooks.Add(true);
    myExcel.Visible = true;                                      //让 Excel 文件可见
    myExcel.Cells[1, 7] = "'" + "校外兼课教师查询表";
    myExcel.Cells[1, 10] = "'" + "打印时间:" +
        System.DateTime.Now.ToShortDateString().ToString();
    for (int j = 0; j < 30; j++)
    {
        myExcel.Cells[3, 1 + j] = "'" + ListHeader[j];          //逐行写入表格标题
    }
    for (int i = 0; i < myDataView.Count; i++)
```

```
        {
            for (int j = 0; j < 30; j++)
            {
                myExcel.Cells[4 + i, 1 + j] = "'" + myDataView[i][j].ToString();
            }
        }
    }
    private void tcbuttoncx_Click(object sender, EventArgs e)
    {
        this.Close();
    }
```